网络强国

领导干部必修课

中国国家创新与发展战略研究会　编著

中共中央党校出版社

图书在版编目（CIP）数据

网络强国领导干部必修课 / 中国国家创新与发展战略研究会编著 . -- 北京：中共中央党校出版社，2023.10

ISBN 978-7-5035-7605-8

Ⅰ . ①网… Ⅱ . ①中… Ⅲ . ①互联网络—发展—研究—中国 Ⅳ . ① TP393.4

中国国家版本馆 CIP 数据核字（2023）第 173376 号

网络强国领导干部必修课

策划统筹	刘　君
责任编辑	卢馨尧
装帧设计	一亩动漫
责任印制	陈梦楠
责任校对	马　晶
出版发行	中共中央党校出版社
地　　址	北京市海淀区长春桥路 6 号
电　　话	（010）68922815（总编室）　　　　（010）68922233（发行部）
传　　真	（010）68922814
经　　销	全国新华书店
印　　刷	北京盛通印刷股份有限公司
开　　本	710 毫米 × 1000 毫米　1/16
字　　数	218 千字
印　　张	18.25
版　　次	2023 年 10 月第 1 版　2023 年 10 月第 1 次印刷
定　　价	68.00 元

微 信 ID：中共中央党校出版社　　　邮　　箱：zydxcbs2018@163.com

编 委 会

总顾问

郑必坚　中国国家创新与发展战略研究会创始会长、
　　　　原中共中央党校常务副校长

顾问专家

李君如　中国国家创新与发展战略研究会学术委员会
　　　　常务副主席、原中共中央党校副校长

主 编

吕本富　中国国家创新与发展战略研究会副会长、
　　　　中国科学院大学经济管理学院教授

编写组

方兴东　浙江大学传媒与国际文化学院求是特聘教授

胡建生　浙江大学国际传播研究中心首席专家、国务院
　　　　国资委首届国资监管信息化专家咨询组专家

何　霞　中国信息通信研究院政策与经济研究所总工程师、
　　　　教授级高级工程师

吕洪业　中共中央党校（国家行政学院）公共管理教研部
　　　　公共经济教研室副主任、研究员

钟祥铭　浙江传媒学院互联网与社会研究院秘书长

张启杰　原国家信息化测评中心研究与咨询部主任

顾烨烨　浙江大学传媒与国际文化学院博士后

黄浩宇　浙江大学传媒与国际文化学院博士后

杨春尧　中国科学技术大学网络空间安全学院博士研究生

何　可　浙江大学传媒与国际文化学院博士研究生

谢永琪　浙江大学传媒与国际文化学院博士研究生

统筹组

王博永　于　泳　周长青　孙小评　李大千

序　言

深入贯彻习近平总书记关于网络强国的重要思想　提高领导干部数字素养和能力

2023 年 7 月 14 日，全国网络安全和信息化工作会议召开，会议强调，要将习近平总书记关于网络强国的重要思想切实贯彻到网信工作全过程。习近平总书记对会议的重要指示明确提出了当前和今后一个时期我国网信工作的使命、任务和要求。根据党的二十大和全国网络安全和信息化工作会议精神，在提高领导干部数字素养和能力的过程中，以下三点值得高度关注。

一、深入贯彻习近平总书记关于网络强国的重要思想

全国网络安全和信息化工作会议强调，新时代新征程，网信事业的重要地位作用日益凸显。党的十八大以来，我国网信事业取得重大成就，最根本原因在于有习近平总书记的掌舵领航，有习近平新时代中国特色社会主义思想的科学指引。会议要求，要以习近平新时代中国特色社会

主义思想为指导，全面贯彻落实党的二十大精神，深入贯彻习近平总书记关于网络强国的重要思想，切实肩负起举旗帜聚民心、防风险保安全、强治理惠民生、增动能促发展、谋合作图共赢的使命任务。

要做好数字化赋能现代化这一工作，我们首先要学好习近平总书记关于网络强国的重要思想。这一重要思想科学回答了网信事业发展的一系列重大理论和实践问题，把党对网信工作的规律性认识提升到全新高度，是新时代新征程引领网信事业高质量发展、建设网络强国的行动指南。

习近平总书记关于网络强国的重要思想包含极其丰富的科学内容，强调要做到"十个坚持"①。总要求就是要大力推动网信事业高质量发展，以网络强国建设新成效为全面建设社会主义现代化国家、全面推进中华民族伟大复兴作出新贡献。为深入贯彻习近平总书记关于网络强国的重要思想，中央有关部门在前几年已经出版的《习近平关于网络强国论述摘编》基础上，又编辑出版了《习近平总书记关于网络强国的重要思想概论》，作为学习习近平总书记关于网络强国的重要思想的权威读本，我们要很好学习领会，自觉地把这一重要思想切实贯彻到网信工作全过程。

二、全面把握领导干部数字素养和能力培育所面临的形势、机遇和挑战

数字技术已经把人类从工业社会推进到了数字社会，书写着人类文

---

① 《深入学习贯彻习近平总书记关于网络强国的重要思想——论贯彻落实全国网络安全和信息化工作会议精神》，《人民日报》2023 年 7 月 17 日。

明的新篇章。历史告诉我们，工业革命推动生产力极大发展，同时也带来众多社会问题和生态问题；同样，数字技术引发的信息革命带给人类的，也必定是既有新质生产力，也有诸多挑战甚至风险。要想加快数字中国建设，把经济建设和社会发展提升到新的能级，实现国家治理体系和治理能力现代化，必须未雨绸缪，不断提高包括各级领导干部在内的全民全社会数字素养。这既是数字化赋能领导干部培育现代化的新机遇，也是新挑战，是一个极大的考验。

党中央十分重视全民数字素养培育。2021年10月，习近平总书记在中央政治局第三十四次集体学习时，就已经强调指出，"要提高全民全社会数字素养和技能，夯实我国数字经济发展社会基础"①。同年10月，中央网络和信息委员会印发《提升全民数字素养与技能行动纲要》，提出到2025年包括青少年在内的全民数字素养与技能达到发达国家水平的目标，并对这一工作作了全面部署。2022年，中央网信办等14个部门联合启动了"全民数字素养与技能月"活动，围绕"数字赋能、全民共享"主题，在全国范围组织开展与数字素养相关的各类主题活动2.6万场，直接参与人次超过2000万，覆盖人数4亿人以上，开放各类数字资源22.2万个，为全民数字素养与技能提升工作创造了一个良好的开端。②2023年2月，中央网信办等13个部门，依托各类科技馆、学校、科研院所、职业技能培训基地等，评选出78家单位作为首批全民数字素养与技能培训基地，其中包括4家数字生活类基地、11家数字工作类基地、38家数字学习类

---

① 《习近平著作选读》第2卷，人民出版社2023年版，第539页。
② 参见金歆：《提升数字素养　点亮智慧生活（大数据观察）》，《人民日报》2023年3月21日。

基地、14 家数字创新类基地和 11 家其他类基地。[①] 如广东省列入"数字学习类基地"的有深圳市腾讯计算机系统有限公司，列入"数字创新类基地"的有广东财经大学、广州国家现代农业产业科技创新中心等。这些基地已经初步构建起覆盖全国、面向公众的数字素养与技能培育网络，价值和意义重大，应该引起相关部门和基地依托单位的重视。

需要指出的是，我们当前在数字素养与技能培育方面面临四方面压力。一是国际社会的压力。在国际上，在 ICT 技术推动下，数字素养的概念从 20 世纪 80 年代开始萌芽，经历了"技术素养"到"信息素养"再到"数字素养"几个阶段，逐渐为国际社会所接受。除了各个国家的专家学者外，经济合作与发展组织（OECD）、联合国教科文组织等国际机构也参与研究和推动。数字素养的英文名称也从 Digital Literacy 改为 Digital Competence。2006 年，欧盟把数字素养列为欧洲公民终身学习的核心素养，通过跨学科主题、设置独立学科、融入其他学科三种方式进行培育。2016 年，德国发布了《数字世界中的教育》，针对青少年构建由六个素养构成的数字素养框架。[②]2018 年，联合国教科文组织发布了由七个素养构成的《数字素养全球框架》（The Digital Literacy Global Framework）。2023 年 3 月，英国发布了由六个方面构成的《高等教育数字化转型框架》（Framework for Digital Transformation in Higher Education）。联系我们设定的，到 2025 年包括青少年在内的全民数字素养与技能达到发达

---

① 参见《关于全民数字素养与技能培训基地入选名单的公示》，中央网络安全和信息化委员会办公室网站，2023 年 2 月 1 日，http://www.cac.gov.cn/2023-02/01/c_1676891823319290.htm.

② 参见徐斌艳：《德国青少年数字素养的框架与实践》，《比较教育学报》2020 年第 5 期。

国家水平的目标，我们的压力显然非常大。

二是数字技术两重性的压力。蓬勃发展的数字技术加速促进了新质生产力的发展，与此同时，数字技术的两重性也引起了人们的关注。无论是元宇宙，还是ChatGPT，都存在两重性。比如ChatGPT作为一个人工智能问答系统即聊天机器人，能够学习和模仿人类对话的方式，进行自然语言处理和生成，对多学科多领域、各种各样的输入问题生成类似人类的应答结果和反应，从而实现高质量的聊天交互体验。现在，ChatGPT已经用来帮助人写文章、制定方案、创作诗歌、绘画、解答法律问题，甚至编写代码、检查程序漏洞等。这种高度拟人化的生成式人工智能的好处大家都已经看到，其风险也应该被重视。应该注意到，它可以被人用来发布假新闻、进行政治造谣、对别人进行人身攻击等，对政治生活和文化安全的风险也是显而易见的。这些问题，一个也不能忽略。

三是国内网民规模和数字素养反差的压力。据第52次《中国互联网络发展状况统计报告》显示，截至2023年6月，我国网民规模已经达到10.79亿，其中19岁以下的网民达到1.99亿，未成年人群体互联网普及率达到96.8%，远高于成年群体互联网普及率。如此规模的网民，是我国网信事业得以规模化发展的重要基础，但网民的数字素养却没有像网民规模那样迅速提升。比较突出和严重的问题主要是三大类：第一是数字安全意识薄弱、个人隐私保护意识不强，容易为不实信息误导、点击陌生链接、陷入虚假信息的网络陷阱，甚至泄露国家机密等；第二是沉迷于网络游戏、直播和短视频等数字娱乐内容，玩游戏成瘾、充值花费无度等；第三是网络不良行为频发，包括网络人身攻击、网络欺凌、网络造谣和网络抄袭盗版等，毫无道德底线。这些问题都和我国网信事业迅速发展、网民规模快速膨胀而数字素养教育滞后有密切关系，必须引起高度重视。

四是群众普遍上网而领导干部学网、懂网、用网之间反差的压力。现在，群众在信息获取、朋友交流、经济往来等方面，都已经通过互联网特别是移动终端来实现。尽管习近平总书记一再要求"各级领导干部要学网、懂网、用网"[1]，一再强调"过不了互联网这一关，就过不了长期执政这一关"[2]，但在相当一批领导干部中，依然存在着因工作繁忙等原因而没时间深入关注网络，面对网络自媒体各种声音而束手无策，视铺天盖地的网络舆情为"洪水猛兽"等问题。长此以往，这些领导干部不仅管不好互联网，而且用不好互联网，甚至被互联网淘汰。因此，在开展数字素养培训时，必须把领导干部的培训放在重要和突出位置。

总之，在数字中国建设过程中，我们要充分认识新时代新征程上数字素养提升的极端重要性，抓住新机遇，应对新挑战，开创新局面。

三、统筹发展和安全，坚持走中国特色治网之道，推动我国成为网络强国

我们在推进数字化赋能现代化，提升全社会数字素养的时候，需要把握一条重要原则：统筹发展和安全，坚持走中国特色治网之道。

第一，"发展是硬道理"这个结论在推进数字中国建设的时候也要时

---

[1] 中共中央党史和文献研究院编：《习近平关于网络强国论述摘编》，中央文献出版社 2021 年版，第 6 页。

[2] 中共中央党史和文献研究院编：《习近平关于网络强国论述摘编》，中央文献出版社 2021 年版，第 43 页。

时牢记，统筹好发展和安全。我们不能因为强调安全而不发展，事实上，不发展是最大的不安全。同样的道理，只讲发展，不讲安全，也不可能真正发展。看一看美国是怎样打压我们网信企业的，美国是怎么通过黑客入侵我们网络空间的，就可以知道发展与安全是对立统一的两个重要方面，必须按照习近平总书记的相关要求加以统筹谋划，协调推进。我们在推进数字化赋能现代化时，一定要避免片面性，必须把统筹发展和安全的大道理和大意义讲深讲透。

第二，要统筹发展和安全，必须自信自立自强。自力更生是我们的好传统，自主创新才能凤凰涅槃。在对待美西方对我们"卡脖子"的问题时，尤其需要自信自立自强，不要对别人心存幻想。无论发展，还是安全，都要靠我们自己的努力、能力和实力。只有自信自立了，才能自强。

第三，要坚持走中国特色治网之道。统筹发展和安全，在精神状态上要自信自立自强，在实际工作中要加强对网络空间的治理（即网络治理），以及对国家社会的数字化治理（即数字治理），坚持走中国特色治网之道。中国特色治网之道，一要在网络治理和数字治理中坚持唯物辩证法，把党管互联网与网信为民统一起来，把发展与安全统一起来，把管得住与用得好统一起来，把依法管网、依法办网、依法上网与坚持走网上群众路线统一起来，形成风清气正的网络空间。二要在网络治理和数字治理中充分发挥中国人的聪明才智和主观能动性，按照技术要强、内容要强、基础要强、人才要强、国际话语权要强的要求，加快推进网络强国建设，最终达到技术先进、产业发达、攻防兼备、制网权尽在掌握、网络安全坚不可摧的目标。

总之，广大领导干部要时刻有这个意识，在推进数字化赋能现代化时，一定要认真学习和深入贯彻习近平总书记关于网络强国的重要论述，坚持以问题为导向，自信自立自强，攻坚克难，在统筹发展和安全中走好中国特色治网之道，真正按照网络强国的要求建设网络强国、数字中国，继而助力社会主义现代化强国建设，实现中华民族伟大复兴！

目　录

深化"数实融合"
助力中国式现代化创新发展

吕本富[*]

　　党的二十大报告强调:"以中国式现代化全面推进中华民族伟大复兴。"[①]中国式现代化的中国特色之一,在于其是人口规模巨大的现代化,意味着要实现的是 14 亿多人的共同富裕。其总体战略安排分为两步走:从 2020 年到 2035 年,基本实现社会主义现代化;从 2035 到本世纪中叶,把我国建设成为富强民主文明和谐美丽的社会主义现代化强国。报告还对 2035 年我国发展的总体目标进行了比较量化的描述,包括"经济实力、科技实力、综合国力大幅跃升,人均国内生产总值迈上新的大台阶,达

　　*　作者系中国国家创新与发展战略研究会副会长。

　　①　习近平:《高举中国特色社会主义伟大旗帜　为全面建设社会主义现代化国家而团结奋斗——在中国共产党第二十次全国代表大会上的报告》,人民出版社 2022 年版,第 21 页。

到中等发达国家水平"等八个方面。

到本世纪中叶把我国建成社会主义现代化强国，如果对这个总体目标进行量化分解，可以有下列一系列指标：中国人均 GDP 将在 2030 年左右达到 2 万美元，在 2040 年左右达到 3 万美元，在 2045 年左右达到 4 万美元，到 2050 年左右达到 5 万美元。这也意味着，届时中国的 GDP 甚至可能成为全球第一，超过现在发达国家的总和。从历史的角度看，这是对人类文明的巨大贡献。

我们将通过什么样的生产力、什么样的新赛道来达到这个目标呢？党的二十大报告已经给出了路径指引，"加快发展数字经济，促进数字经济和实体经济深度融合，打造具有国际竞争力的数字产业集群"[①]。这意味着，数实融合将在中国式现代化中扮演重要角色。

一、历史性判断

最近 10 年，我国党和政府有一个重要的判断：人类过往的文明或社会形态，有原始文明、农业文明、工业文明，现在世界正在进入数字文明；数字经济是继农业经济、工业经济之后的主要经济形态。中国式现代化要走的路径与模式需要数字文明助力。

党的十八大以来，以习近平同志为核心的党中央着眼信息时代发展大势和国内国际发展大局，高度重视发展数字经济。党的十九大报告明

---

① 习近平：《高举中国特色社会主义伟大旗帜　为全面建设社会主义现代化国家而团结奋斗——在中国共产党第二十次全国代表大会上的报告》，人民出版社 2022 年版，第 30 页。

确提出"建设网络强国、数字中国、智慧社会"战略目标。《中华人民共和国国民经济和社会发展第十四个五年规划和2035年远景目标纲要》设立专篇对数字经济做出了重要规划和部署。2022年第2期《求是》杂志发表了习近平总书记的重要文章《不断做强做优做大我国数字经济》。习近平总书记强调："我们要站在统筹中华民族伟大复兴战略全局和世界百年未有之大变局的高度，统筹国内国际两个大局、发展安全两件大事，充分发挥海量数据和丰富应用场景优势，促进数字技术和实体经济深度融合，赋能传统产业转型升级，催生新产业新业态新模式，不断做强做优做大我国数字经济。"①

党的二十大报告强调："建设现代化产业体系。坚持把发展经济的着力点放在实体经济上，推进新型工业化，加快建设制造强国、质量强国、航天强国、交通强国、网络强国、数字中国。"②从这里可以解读出两层含义：一是要从国家层面，推动实体经济（尤其传统制造业）新型工业化、数字化战略；二是要将"数字中国"与各类"强国"战略置于一处，这本身便是承认数字化具备强国的基本内涵。因此推动全国行业的数字化进程，进行数实融合就是实现中国式现代化的具体举措。

二、历史的经验

纵观全球经济史，每一次技术革命的诞生都为实体经济的发展提供

---

① 《习近平谈治国理政》第4卷，外文出版社2022年版，第206页。

② 习近平：《高举中国特色社会主义伟大旗帜　为全面建设社会主义现代化国家而团结奋斗——在中国共产党第二十次全国代表大会上的报告》，人民出版社2022年版，第30页。

了新动能。一方面优化了实体经济的运行效率，另一方面扩充了实体经济的运行维度。现在中国一只脚已经成功地迈入了数字经济，我们要想一想，中国式现代化如何运用数字经济的力量和规律来提升中国的农业现代化与工业现代化，数实融合，共同推动中国式现代化。

正是靠着人类数千年来不断升级进步的科学技术，才让商业与贸易的开展越来越便捷，让人类的物质生活水平越来越高。前三次工业革命让实体经济变得极为丰富和多元，但市场信息调配的有效性尚需提高，信息技术对产业发展的积极作用还未得到深度释放。到了数字经济时代，新技术新模式通过对实体经济运行过程中的市场信息进行高效整合与分析，在信息层面为实体经济的运行提供了巨大便利，进而实现了多产业的数字化与智能化。这是前三次工业革命不曾取得的巨大成就。数字技术作为第四次工业革命中利用信息技术促进产业变革的重要角色，对应着难得的技术革命发展契机。

我们可以从多个维度，来感受数实融合的时代紧迫感。一是企业维度：未来每家企业都会产生海量数据，都具备成为数字化企业的潜质。而它们最缺的是高效可落地的应用现代化技术。二是行业维度：2021 年中国数字经济规模达 45.5 万亿，中国企业整体数字化进程加速，但跑在前面的多是互联网公司，传统制造业数字化进程依旧很慢。前瞻产业研究院的一份数据显示，2020 年，中国工业数字经济渗透率为 21%，而同期我国服务业的数字经济渗透率为 40.7%。三是国际维度：美国等发达国家的数字化进程，已从企业层深入国家层。1991 年，美国国会通过《高性能计算法案》，其目的是激发数字技术对经济社会的重塑力。总之，数字化转型大势已至，摆在传统企业面前的，是怎样高效的数实融合。

三、数实融合的四个阶段

数字经济与实体经济的融合，就是运用数字技术对传统的实体经济进行智能化改造、转换动能、节约人力物力资源能源、变革生产模式、创新经营管理方式、提高综合效率、扩大经营成果等。在数字经济与实体经济融合中，还伴随着观念、体制、技术、基建等方面的数字化转型。实体经济需要来自数字经济的多方面支持，数字经济是实体经济转型升级的强大支撑力。

数字经济和实体经济的关系并非矛盾，而是相辅相成。数字经济有自身原创价值。所谓原创价值，即该价值不一定需要实体经济的支撑，比如网络游戏、元宇宙、数字孪生等。这些是数字经济在虚拟空间增长的原生价值，但这只是数字经济的一部分。

大部分数字经济需要和实体经济融合发展，没有实体经济，就没有数字经济。不同的数字经济发展阶段，融合的重点或者融合的方式也不一样。

那么，在数字经济和实体经济融合的过程中，有哪些需要考虑的重点呢？

第一，如何让两者的融合起到 $1+1>2$ 的效果。在实体经济和数字经济融合中，企业的价值目标是什么？对实体企业来说，一个很基本的目的就是发展数字经济能否降本增效，或者能否找到新的商业机会。凡此种种，可以称之为价值导向。第二，在融合过程中需要考虑组织战略流程的变化。比如，现在人工智能的编辑系统可以部分替代编辑的工作，那么编辑流程就会发生变化。此时就需要考虑哪一部分用人力来做，哪一部分用人工智能替代，这就是流程和战略的变化。第三，融合的重点在于文化，需要解决融合过程中的文化冲突。数字经济的企业文化，比如先跑马圈地、再进行深耕，但是实体经济与此不同，它需要更短的盈利周期。因此，数字经济与实体经济在经营文化上有明显区别。

因此，要解决在价值定位、流程重组、文化融合这三个方面的矛盾，数字经济和实体经济才能更好地融合。同时，在融合的过程中，不同的融合方式会导致不同的行业或产业抢占先机，并且行业差别很大。

数字经济的发展，我们大体上分为四个阶段。第一阶段是信息化阶段，大概形成于2012年之前。所谓的信息化就是把过去在头脑中、纸面上的信息以"0"和"1"的形式放在电脑中，在企业端有OA办公系统和ERP管理软件，在个人端产生了门户网站、搜索引擎等。第二阶段是平台化阶段，2012年，智能手机的广泛应用标志着数字经济进入平台化阶段。这个阶段的核心是移动互联网下的场景应用。我国大约有400万个App和150万个小程序，若干头部的App连接成为超级平台，成为数字经济的主导力量。第三阶段可以称之为智能化阶段，大概始于2018年。智能化主要改变了决策机制，改变了人们利用知识的方式，可以称之为认知的革命，就是人工智能技术用于改造各个行业。第四阶段就是始于2021年"元宇宙"阶段。当然，这四个阶段不是彼此取代的关系，而是相互叠加的关系。

这四个阶段的融合目标是不一样的。

第一阶段要求信息化，但很多中小企业的信息化可能至今尚未完成，还有大量数据没有进入计算机，也没有做信息化管理，所以这一阶段在中国的发展还非常不平衡。

第二阶段要求平台化，即企业进入某个平台和用户连接。直接找到用户是平台的最大优势，但是如何与用户对接、企业的营销方式如何改变，也是融合过程中需要考虑的问题。

第三阶段要求智能化，即哪些工作流程能够让人工智能替代。比如制造业的质检部门就非常容易实现智能化，因为人工检验会存在容易疲劳、检验准确率低等问题，但人工智能不会疲劳，且准确率更高。所以在智能化阶段，要考虑哪些业态可能被取代，并且要考虑智能化可能带来的一些问题。

第四阶段要求元宇宙化。元宇宙化是刚刚提出来的概念，当前还存在很多争议，笔者认为文旅产业等体验性较强的行业会首先被元宇宙化。比如，不是所有人都有机会攀登喜马拉雅山，但这可以在元宇宙环境中实现，其中的自然环境都和真正爬山一样。

有条件的企业都应依靠自身力量，通过自我的数字化改造，实现产业数字化。事实上，在近几年的产业数字化中，一些大中型企业已逐步完成了从信息化到数字化的升级，打造了全球智能制造的示范样板，是数字经济与实体经济深度融合发展的典范。

四、如何解决融合中的难题

当前，对于数字化转型的呼声很高，不少企业家已经发出"数字化转型是企业生死存亡的头等大事"的呼喊，甚至连银行业也在加速数字化转型。我们要把数字化转型视为生死存亡之战，贯穿到战略转型的方方面面。虽然这些企业在数实融合上表现出积极姿态，但是在实质推进过程中却犹豫不决，由此导致数字经济与实体经济深度融合出现瓶颈。

目前，数字化转型的主力军已经逐渐转移到了制造业，它们既是制造强国的最小单元，也是最大依仗。我国制造业有 31 个大类、179 个中类和 609 个小类，在全球制造业中产业体系最为完整，也最亟待数字化升级。

通过深化认识和调整政策更加坚定数字化转型的决心和信心。一些传统的规模性企业担负繁重的任务，担心数字化改造可能会影响当期业绩，加之对数据联网后的标准和安全问题没把握，以致一些企业的内外网并未打通，对企业的数字化改造仍有疑虑。因此，要结合宣传成功范例来深化认识数字经济，让企业家感受到数字化升级带来的明显好处，通过改进和完善考核政策，解除短期发展的后顾之忧。要扭转之前停留在数字化论坛、蜻蜓点水式数字化投入等姿态性措施，推进数字经济与实体经济实质性的深度融合，以期见到效益、体现效率。

深度融合要体现实体经济智能化的实质和作用。在两种经济融合中，一些企业满足于已有的机械化、电气化、自动化，认为同数字经济融合就是在原来运营基础上做些调整和改善。事实上，数字化改造是给企业赋予智能化，通过数字化转型和改造，在原来机械化、电气化、自动化基础上逐渐智能化，超越机械化和自动化。机械化是我们过去的目标，许多企业就是在实现机械化、电气化的过程中成长发展起来的，但那已是过去的辉煌，如果停留在运用电力等驱动或操纵机械设备，仍需大量人力物力资源能源的付出，还会丧失新的竞争力。自动化按人的要求，经过自动检测、信息处理、分析判断、操纵控制，实现预期的目标，无人或较少的人直接参与生产，是许多企业正在采取的先进方式，但是距离数字化改造要求的智能化还有差距。数字智能化就是将经验转化为数据、将数据转化为知识、将知识融入自动化系统中，其潜力通过数据信息深度挖掘，迭代而诞生出新业态和新动能。将人工智能和机器智能化尽快部署到主要的传统业务流程之中，可以尽早达到降本增效的目的，从而更好地优化用户体验，使生产和制造带来更高的生产效率。

数字经济与实体经济深度融合需要根据实际情况循序渐进，要突破难点，实现关键处的融合。目前有三类问题较难解决。一是为数不少的制造企业的生产线设备都依靠进口，一些工业网关与数字化的网络衔接不配套，如果更换大型设备，既要考虑前期规模投入，又要考虑更换衔接的风险。二是农业产业在融合中处于薄弱环节，主要是数字化的条件不充分，体现在基础设施薄弱、网络信号差、缺少长远规划，除了一些大的农业数字化公司进军农业产业外，整体的传统农业与数字经济的融合推进较慢。三是小企业数字化需求分布零散、体量小、营收少，还存在融资难等问题。

我们必须深入传统企业，了解行业痛点。以传统企业应用层面最为经典的单体架构 3 层模型部署为例，表现层、业务逻辑层、数据访问层被部署在一台服务器上。随着业务快速发展，逻辑变得异常复杂，代码数据量与日俱增，企业开发与维护的成本越来越高。相似的，传统企业在物理机部署应用也存在"部署慢、成本高、资源浪费、迁移和扩展慢"的行业弊端。几组数字更加直观：按照 Gartner 数据统计，至 2025 年传统应用的维护成本要消耗现有 40% 的 IT 预算，届时，全社会需要构建 5 亿个新应用才能满足数字化转型需求；另据 Forrester 研究发现，76% 的 CIO 认为针对传统应用的投资占比太高，而 88% 的 CIO 认为应用现代会显著提升客户体验。

这场由应用现代化技术驱动的数字化转型，不只提升了效率，甚至决定了行业发展的未来高度。已有无数案例证明，一家企业的关键技术应用创新，不仅可以让企业从低谷走向成功，还可以让企业从成功走向伟大。

五、数字经济的产业集群

数字产业集群相对于传统产业更具弹性。集群以数字经济相对发达的地区为中心，在互联网企业或较大电商平台的核心地区，吸引大量上下游企业和支撑性企业，扩大产业的整体规模，通过产业内部的分工、合作、协同和深化，形成更加合理的产业结构，发挥对外部的规模经济效应、区域品牌效应和产业链效应，影响和辐射周围地区。

集群范围内多是数字产业以及相关产业，企业之间的知识溢出效应将会被最大效率利用，进而提高集群范围内研发方向的投入产出比，增强数字产业集群整体的技术研发实力，相关先进技术的扩散将激发其他行业的创新能力。不仅促进数字产业自身的发展，还会孕育新的产业和发展模式，推动产业结构升级，增强区域的产业竞争力，实现集群区域整体经济增长。

未来5—10年，数字经济的核心要素在于数据、算法与算力三个方面。集中的发力点有两个：一是平台经济，二是智能经济。

平台经济的核心是数据的集成。数据正在成为经济关键生产要素，我们需要研究推进数据确权和分类分级管理，畅通数据交易流动，实现数据要素市场化配置，合理分配数据要素收益。首先，以隐私计算、区块链技术与零知识证明为代表的交叉信息技术将扮演基础设施的角色。其次，在数据流通、多方协作的过程中，健全数据的确权和定价体系，可以解决数据要素的经济收益共享与分配的问题。数据流通的价值链包含4个环节，即数据的获取、传输、处理和存储。每一个环节都会形成行业性的平台，而对平台的监管将是数字治理的核心内容。

　　智能经济的核心是人工智能（AI）的理论和技术的应用领域的不断扩大。随着 ChatGPT 的横空出世，意味着 AI 大模型将成为新型的信息基础设施，从而改变一个国家的产业结构。AI 赋能的科技产品将会是人类智慧的"容器"。这些容器将对数字经济升维，诞生高级阶段的智能经济。智能经济主要体现为传统产业和基础设施领域的重新洗牌。智能汽车正在大规模取代传统汽车；智慧城市管理系统正在取代传统的城市基础设施。使用智能技术的平台可以成为新的头部企业（领军企业）。比如，特斯拉不仅是汽车制造商，也可能是最大的自动驾驶技术商和最大的出行提供商。

　　智能经济也会成为下一轮世界各国竞争的焦点。全球主要经济体在人工智能领域发展迅速，且竞争激烈。从当前国际竞争的格局看，首要焦点是算法的竞争，其背后是人才的竞争；其次是获取数据的竞争，各国都在实施"数据本地化"策略。

　　对我国来说，智能经济可能带来换道超车的机会，可以概括为三个方面。

　　一是以"智"提"质"，成为中国实现高质量发展的磅礴动力。AI 造就了宏大的技术生态群。视觉识别、自然语言分析、智能机器人等领域不断取得突破。推动中国经济发展的引擎已不再是过去的人口红利。

　　二是以"智"图"治"，提高社会治理的智能化、法治化和现代化水平。大数据挖掘、算法治理、智慧交通等技术应用于社会治理，可优化社会生产与社会组织关系，增强治理的协同性、生态性，从而弥补其他各种治理方式的短板。

　　三是以"智"谋"祉"，提高民生福祉和人民的"获得感"。AI 技术应用于民生，围绕教育、医疗卫生、体育、住房、助残养老等领域开发智能产品和服务，可以弥补我国国土面积大但资源禀赋不均衡的矛盾，让边远地区的群众也能享受现代化的公共服务。

总之，在数字经济时代，数字化力量就是最大的生产力，更是驱动行业效率提升的关键变量。而应用现代化则是驱动、激发、转化企业数字化力量的关键推手。根据北京大学国家发展研究院经济学教授伍晓鹰的研究，当前数字经济对中国整体经济增长的贡献已经高达 2/3，其中 ICT 集约使用的制造业部门占主导地位。① 由此可以看出，我国的数实融合已经具备坚实的基础，我们非常乐观地相信，在党的二十大精神指引下，在未来阶段，数实融合可以成为中国式现代化生产力方面的中流砥柱。

---

① 参见伍晓鹰：《数字经济对中国经济增长的贡献有多大》，《企业观察家》2022 年第 2 期。

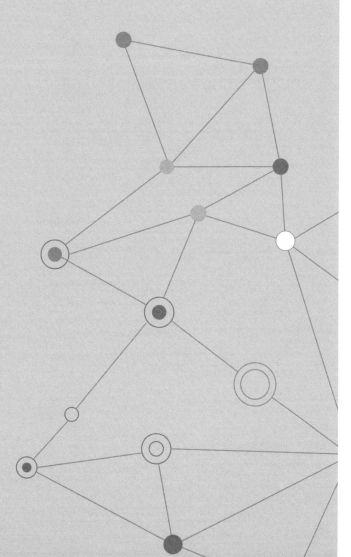

第一章 理解网络强国的顶层设计

党的十八大以来，以习近平同志为核心的党中央顺应新一轮科技革命和产业变革趋势，实施网络强国战略和国家大数据战略，将发展数字经济上升为国家战略，建设数字中国、智慧社会，推进数字产业化和产业数字化，维护网络安全和数据安全，打造风清气正的网络空间，积极构建网络空间人类命运共同体，我国数字经济发展较快、成就显著，数字治理能力得到显著提升。特别是新冠疫情暴发以来，数字技术、数字经济的作用更加凸显，在统筹疫情防控和经济社会发展中起到了重要作用。习近平总书记围绕数据安全、数字经济、数字治理和网络强国建设等发表了一系列重要论述，提出了一系列新思想新观点新论断，为新时代数字经济发展和数字治理能力提升提供了根本遵循。各级领导干部要提高数字经济、数字治理思维能力和专业素质，增强发展数字经济本领，强化数据安全意识，推动数字经济更好服务和融入新发展格局，不断提高数字治理能力和治理水平。

一、新发展观

习近平总书记在党的十八届五中全会上开创性地提出"创新、协调、绿色、开放、共享"的新发展理念，强调"坚持新发展理念是关系我国发展全局的一场深刻变革"①。数字经济与数字技术体现了创新的内在要求，加速了要素的流动聚集，引导了资源合理配置，赋能区域协调发展，助推产业绿色化转型，推动构建更高水平的全方位开放格局，是贯彻新发展理念的集中体现。我们要从站在统筹中华民族伟大复兴战略全局和

---

① 《习近平谈治国理政》第 4 卷，外文出版社 2022 年版，第 169 页。

世界百年未有之大变局的高度出发，深刻认识世界科技革命和产业变革的发展趋势，积极抢占未来发展的制高点，发挥好我们在数据资源和应用场景方面的规模优势，着力加强关键核心技术攻关，深入推动数字技术与实体经济深度融合，不断完善政府服务和监管举措，推动我国数字经济做强做优做大。

第一，发展数字经济，是把握新一轮科技革命和产业变革新机遇的战略选择。习近平总书记指出："近年来，互联网、大数据、云计算、人工智能、区块链等技术加速创新，日益融入经济社会发展各领域全过程，数字经济发展速度之快、辐射范围之广、影响程度之深前所未有，正在成为重组全球要素资源、重塑全球经济结构、改变全球竞争格局的关键力量。"[①]从构建新发展格局来看，数字技术、数字经济可以推动各类资源要素快捷流动、各类市场主体加速融合，帮助市场主体重构组织模式，实现跨界发展，打破时空限制，延伸产业链条，畅通国内外经济循环；从建设现代化经济体系来看，数字经济具有高创新性、强渗透性、广覆盖性，不仅是新的经济增长点，也是改造提升传统产业的支点，可以成为构建现代化经济体系的重要引擎；从构筑国家竞争新优势来看，数字技术、数字经济是新一轮国际竞争重点领域。因此，不断做强做优做大数字经济，不仅是为了经济增长寻找新的动力源泉，更是为了把握好新一轮科技革命和产业变革新机遇；不仅是当前的时与势使然，更是主动把握未来、赢得长远发展的先手棋。

第二，发展数字经济，要加强关键核心技术攻关，加快新型基础设

---

① 《把握数字经济发展趋势和规律　推动我国数字经济健康发展》，《人民日报》2021 年 10 月 20 日。

施建设。我国具有超大规模市场，网民数量突破 10 亿，位居全球第一，这是我们发展数字经济的强大需求支撑。但也要看到，在关键核心技术方面，我们还有不小差距，还存在卡脖子风险。习近平总书记指出："要牵住数字关键核心技术自主创新这个'牛鼻子'，发挥我国社会主义制度优势、新型举国体制优势、超大规模市场优势，提高数字技术基础研发能力，打好关键核心技术攻坚战，尽快实现高水平自立自强，把发展数字经济自主权牢牢掌握在自己手中。"[1]从产业发展规律来看，任何一个产业的兴起，不仅需要技术引领，还需要强大的基础设施支撑以及产业上下游配套。这就要求我们加强战略布局，加快软硬件建设，夯实数字经济发展的基础。对此，习近平总书记指出，"加快建设高速泛在、天地一体、云网融合、智能敏捷、绿色低碳、安全可控的智能化综合性数字信息基础设施，打通经济社会发展的信息'大动脉'。要推动数字经济和实体经济融合发展，把握数字化、网络化、智能化方向，推动制造业、服务业、农业等产业数字化，利用互联网新技术对经济发展的放大、叠加、倍增作用。要规范数字经济发展，坚持促进发展和监管规范两手抓、两手都要硬，在发展中规范、在规范中发展。要完善数字经济治理体系，健全法律法规和政策制度，完善体制机制，提高我国数字经济治理体系和治理能力现代化水平"[2]。

第三，发展数字经济，要注重推动数字经济和实体经济融合发展。习近平总书记多次强调，实体经济是我国经济的命脉所在。实体经济是一

---

① 《习近平谈治国理政》第 4 卷，外文出版社 2022 年版，第 206 页。

② 《把握数字经济发展趋势和规律　推动我国数字经济健康发展》，《人民日报》2021 年 10 月 20 日。

国经济的立身之本，是财富创造的根本源泉，是国家强盛的重要支柱。党的十九大报告提出，推动互联网、大数据、人工智能和实体经济深度融合。党的二十大报告指出，要"加快发展数字经济，促进数字经济和实体经济深度融合，打造具有国际竞争力的数字产业集群"[①]。作为14亿多人口的大国，建设现代化经济体系，必须把发展经济的着力点放在实体经济上，推动数字经济发展和实体经济融合发展。做不到与实体经济融合发展，数字经济就会有脱实向虚的风险，长期下去就会动摇我国经济的基础和核心竞争力。这就要求我们一方面要推动"产业数字化"，利用互联网新技术对传统产业进行全方位、全链条的改造，提高全要素生产率，发挥数字技术对经济发展的放大、叠加、倍增作用，在不断催生新产业、新模式、新业态的同时，加快培育一批"专精特新"企业和制造业单项冠军企业。另一方面要推动"数字产业化"，基础工作是推进现代数字信息技术和数据要素产业化、商业化和市场化，并聚焦战略前沿和制高点领域，立足重大技术突破和重大发展需求，推动重点领域数字产业发展。

第四，发展数字经济，要坚持促进发展和监管规范两手抓、两手硬，在发展中规范、在规范中发展。从中西方经济发展史看，完全自由的市场无法形成公平竞争的秩序，市场的有效运作需要借助制度、程序、规则和习惯的作用，需要推动有为政府和有效市场更好结合。互联网、大数据、人工智能等深刻改变着人们生产生活方式的同时，一些问题也必须警惕。例如，企业借助信息优势进行资本的无序扩张、平台借助优势

---

① 习近平：《高举中国特色社会主义伟大旗帜 为全面建设社会主义现代化国家而团结奋斗——在中国共产党第二十次全国代表大会上的报告》，人民出版社2022年版，第30页。

地位产生垄断、金融产品过度创新中的信息复杂度和模糊度带来金融风险等。对于新问题、新状况不能放任发展，需要不断完善我国数字经济治理体系，提高我国数字经济治理体系和治理能力现代化水平。一方面，要完善主管部门、监管机构职责，改进提高监管技术和手段，使各监管部门、监管手段形成合力。另一方面，要开展社会监督、媒体监督、公众监督，形成监督合力。通过不断健全法律法规和政策制度，建立全方位、多层次、立体化监管体系，营造有利于数字经济健康发展的、规范有序的竞争环境。

二、新意识形态治理观

意识形态工作是党的一项极端重要的工作。在信息化时代，互联网日益成为意识形态斗争的主阵地、主战场、最前沿。党的十八大以来，以习近平同志为核心的党中央高度重视网络意识形态工作，在管网治网上出重拳、亮利剑，不断使互联网这个"最大变量"变成事业发展的"最大增量"。

第一，打赢网络意识形态斗争对维护国家安全具有极端重要意义。习近平总书记强调："互联网是我们面临的最大变量，在互联网这个战场上，我们能否顶得住、打得赢，直接关系国家政治安全。"[①]从国际国内形势看，互联网日益成为舆论斗争、意识形态斗争的主阵地、主战场、最前沿。境外反华势力一直妄图利用互联网来"扳倒中国"，一些西方政

---

① 中共中央党史和文献研究院编：《习近平关于网络强国论述摘编》，中央文献出版社 2021 年版，第 56 页。

客直言不讳地称，有了互联网，对付中国就有了办法；社会主义国家投入西方怀抱，将从互联网开始。境外敌对势力利用互联网加大渗透，破坏党长期执政的群众根基，丑化甚至否定党的历史和伟大实践，攻击社会主义制度，妄图制造混乱，颠覆党的执政地位，危害政权及国家安全。可以说，过不了互联网这一关，我们党就过不了长期执政这一关，掌控网络意识形态主导权，就是守护国家的主权和政权。

第二，网络空间不是法外之地。2015 年 12 月 16 日，习近平总书记在第二届世界互联网大会开幕式上的讲话指出："网络空间同现实社会一样，既要提倡自由，也要保持秩序。自由是秩序的目的，秩序是自由的保障。我们既要尊重网民交流思想、表达意愿的权利，也要依法构建良好网络秩序，这有利于保障广大网民合法权益。网络空间不是'法外之地'。网络空间是虚拟的，但运用网络空间的主体是现实的，大家都应该遵守法律，明确各方权利义务。要坚持依法治网、依法办网、依法上网，让互联网在法治轨道上健康运行。"①无规矩则无方圆，无秩序则无自由。现在有种观点认为，虚拟性和开放性是网络空间的重要特征和发展动力，法律应当慎入，管理应当宽松，以免抑制网络空间的发展。这种看法不仅有害，而且无益于网络健康发展，必须引起高度重视。网络的虚拟性、开放性并不意味着人们可以在网络空间肆意妄为。如果缺乏基本的理性判断、稳定的网络秩序，可以无成本、无负担地随意言论、肆意妄为，毫无底线的"自由"便会变成"潘多拉魔盒"，最终伤害的是网络"命运共同体"中的所有人。网络失范会使社会付出巨大代价，网络空间不是

---

① 习近平：《在第二届世界互联网大会开幕式上的讲话》，《人民日报》2015 年 12 月 17 日。

法外之地，推进网络法治化治理，维护良好的网络秩序，是维护每个公民安全的重要保障。

第三，在网络意识形态斗争中一定要增强阵地意识、要敢于亮剑。习近平总书记强调："宣传思想阵地，我们不去占领，人家就会去占领。"①对于思想舆论领域的红色地带，我们不仅一定要守住，还要巩固发展，不断扩大社会影响。对于敌对势力制造舆论的黑色地带，要勇于进入，逐步推动其改变颜色。对于二者中间的灰色地带，要大规模开展工作，加快使其转化为红色地带，防止其向黑色地带蜕变。各级党委和领导干部特别是一把手要负起责任来，守土有责、守土尽责，哪些方面需要重兵把守、严防死守，必须心中有数、了如指掌。在意识形态斗争中，领导干部不能搞"爱惜羽毛"那一套，涉及大是大非问题、涉及政治原则问题，要敢于担当、敢于亮剑，更不能退避三舍，做"吃瓜群众"。对于意识形态工作责任制和网络意识形态工作责任制实施办法，不能只停留在纸上，各项措施都要落实到位。

第四，必须提高网络综合治理能力。习近平总书记强调："打赢网络意识形态斗争，必须提高网络综合治理能力，形成党委领导、政府管理、企业履责、社会监督、网民自律等多主体参与，经济、法律、技术等多种手段相结合的综合治网格局。"②必须旗帜鲜明、毫不动摇坚持党管互联网，加强党中央对网信工作的集中统一领导，确保网信事业始终沿着

---

① 中共中央党史和文献研究院编：《习近平关于网络强国论述摘编》，中央文献出版社 2021 年版，第 52 页。

② 中共中央党史和文献研究院编：《习近平关于网络强国论述摘编》，中央文献出版社 2021 年版，第 56—57 页。

正确方向前进。要坚持党管新媒体，把阵地和人员都管起来，把所有从事新闻信息服务、具有媒体属性和社会动员功能的各类网络平台纳入许可管理范畴。"要压实互联网企业的主体责任，决不能让互联网成为传播有害信息、造谣生事的平台。要加强互联网行业自律，调动网民积极性，动员各方面力量参与治理"①。要防范境外势力向新媒体领域渗透，防范资本控制舆论的风险。要提高依法治网、技术治网能力。尽快制定完善立法规划，逐步完善涉及互联网信息内容管理、关键信息基础设施保护等方面的法律法规，实现网络空间治理有法可依；同时，以技术对技术，以技术管技术，做到魔高一尺、道高一丈。这不仅需要各级党委和政府担负起治理的主体责任，也需要充分调动网络平台、社会组织和广大网民的能动性，共建网上美好精神家园。

第五，领导干部要成为运用现代传媒新手段新方法的行家里手。2013 年，习近平总书记在全国宣传思想工作会议上指出："要解决好'本领恐慌'问题，真正成为运用现代传媒新手段新方法的行家里手。"②2019 年，习近平总书记在十九届中央政治局第十二次集体学习时的讲话中强调，"网络是一把双刃剑，一张图、一段视频经由全媒体几个小时就能形成爆发式传播，对舆论场造成很大影响。这种影响力，用好了造福国家和人民，用不好就可能带来难以预见的危害"③。同时指出，"现在，各级

---

① 中共中央党史和文献研究院编：《习近平关于网络强国论述摘编》，中央文献出版社 2021 年版，第 57 页。

② 中共中央党史和文献研究院编：《习近平关于网络强国论述摘编》，中央文献出版社 2021 年版，第 51—52 页。

③ 中共中央党史和文献研究院编：《习近平关于网络强国论述摘编》，中央文献出版社 2021 年版，第 83 页。

领导干部特别是高级干部，如果不懂互联网、不善于运用互联网，就无法有效开展工作"①。因此，领导干部要旗帜鲜明坚持正确的政治方向、舆论导向、价值取向，加强互联网内容建设，深入实施网络内容建设工程，加强网上正面宣传，用习近平新时代中国特色社会主义思想团结、凝聚亿万网民，发展积极向上的网络文化，创新改进网上宣传，形成网上正面舆论强势。加强网络主流意识形态传播，以正面声音引领多元多样多变的网上舆论，用网民喜闻乐见的方式宣传主流价值，彰显时代精神，引领道德风尚，让党的主张始终成为网络空间最强音。充分利用网络优势增强新闻宣传的权威性、时效性和针对性，实现重大主题网络宣传的新突破。要通过挖掘和宣传网络最美人物，倡导最美精神，传播普通百姓的故事，让正能量在网络上充分涌流。创新和转换话语表达形式，将宣传话语、政策话语和信息服务话语有机互动衔接，通过有温度有情怀的"网言网语"，在坦诚交流中建构价值共鸣，努力打通"两个舆论场"。

三、新安全观

网络安全是国家安全的重要组成部分，事关国家安全政权安全和经济社会发展。2016 年 4 月 19 日，习近平总书记在主持召开网络安全和信息化工作座谈会时，对网络安全的重要性、本质和特点、做好网络安全工作的思路、方法、关键要点做了全面阐述，为我们做好网络安全工作提供了根本遵循，必须长期坚持贯彻。在新的情况和趋势下，维护网络安全、

① 中共中央党史和文献研究院编：《习近平关于网络强国论述摘编》，中央文献出版社 2021 年版，第 6 页。

数据安全显得尤为迫切，已经成为了牵一发而动全身的全局性、系统性挑战，各级领导干部必须强化网络安全意识，居安思危、未雨绸缪。

第一，要不断强化网络安全意识，牢记"没有意识到风险是最大的风险"。习近平总书记强调："我们一定要认识到，古往今来，很多技术都是'双刃剑'，一方面可以造福社会、造福人民，另一方面也可以被一些人用来损害社会公共利益和民众利益。从世界范围看，网络安全威胁和风险日益突出，并日益向政治、经济、文化、社会、生态、国防等领域传导渗透。特别是国家关键信息基础设施面临较大风险隐患，网络安全防控能力薄弱，难以有效应对国家级、有组织的高强度网络攻击。这对世界各国都是一个难题，我们当然也不例外。"[1]近些年，全社会的网络安全意识有了显著提高，但一些同志对网络安全的认识还不到位，有的重发展轻安全、重建设轻防护；有的认为关起门来搞更安全，不愿立足开放环境搞安全；有的认为网络安全是中央的事情、专业部门的事情，同自己无关。这些认识都是片面的、静止的，无法适应复杂严峻的网络安全形势，不利于切实维护网络安全。可以说，我们面临的网络安全问题，很多是意识问题。全党同志尤其是领导干部要不断强化网络安全意识，在头脑中真正筑起网络安全的"防火墙"，形成各方面齐抓共管共同维护网络安全的局面。

第二，要明晰网络安全的特点，树立正确的网络安全观。习近平总书记强调了网络安全的五方面特点，即当今网络安全是整体的而不是割裂的，是动态的而不是静态的，是开放的而不是封闭的，是相对的而不

---

① 中共中央党史和文献研究院编：《习近平关于网络强国论述摘编》，中央文献出版社 2021 年版，第 91 页。

是绝对的，是共同的而不是孤立的。"整体性"意味着要在总体国家安全观的视野下审视网络安全，推动网络安全与其他领域的安全相互促进、相互配合、相互协调。"动态性"意味着过去分散独立的网络变得高度关联、相互依赖，网络安全的威胁来源和攻击手段不断变化，那种依靠装几个安全设备和安全软件就想永葆安全的想法已不合时宜，需要树立动态、综合的防护理念。"开放性"意味着维护网络安全不能闭关自守、偏安一隅，只有立足开放环境，加强对外交流、合作、互动、博弈，吸收先进技术，网络安全水平才会不断提高。"相对性"意味着网络空间不存在绝对安全，要立足基本国情保安全，避免不计成本地追求绝对安全。"共同性"意味着网络安全是一种多主体共同参与的安全治理，维护网络安全是全社会共同责任，需要政府、企业、社会组织、广大网民共同参与，共筑网络安全防线。

第三，要全方位筑牢网络安全防线，增强网络安全防御能力和威慑能力。习近平总书记强调："网络安全的本质在对抗，对抗的本质在攻防两端能力较量。要落实网络安全责任制，制定网络安全标准，明确保护对象、保护层级、保护措施。哪些方面要重兵把守、严防死守，哪些方面由地方政府保障、适度防范，哪些方面由市场力量防护，都要有本清清楚楚的账。人家用的是飞机大炮，我们这里还用大刀长矛，那是不行的，攻防力量要对等。"①维护好网络安全，首先，要着力构建关键信息基础设施安全保障体系，强化金融、能源、电力、通信、交通等领域关键信息基础设施防护。这些领域的网络安全问题是重大风险隐患，必须

---

① 中共中央党史和文献研究院编：《习近平关于网络强国论述摘编》，中央文献出版社 2021 年版，第 94—95 页。

深入研究，采取有效措施，切实做好国家关键信息基础设施安全防护。其次，要有全天候全方位感知网络安全态势的能力，能够准确研判引发网络安全风险的主体和行为，及时处置网络安全风险；要加强网络安全检查，摸清家底，认清风险，找出漏洞，及时整改。再次，要建立统一高效的网络安全风险报告机制、情报共享机制、研判处置机制，准确把握网络安全风险发生的规律、动向、趋势，并建立政府和企业网络安全信息共享机制，把企业掌握的大量网络安全信息用起来，龙头企业要带头参加这个机制。最后，要加强网络安全产业统筹规划和整体布局，依托强大的网络安全产业为国家网络安全提供支撑，完善支持网络安全企业发展的政策措施，减轻企业负担，激发创新活力，培育扶持一批具有国际竞争力的网络安全企业。

第四，要切断网络犯罪的利益链条，切实维护人民群众合法权益。习近平总书记强调："要依法严厉打击网络黑客、电信网络诈骗、侵犯公民个人隐私等违法犯罪行为，切断网络犯罪利益链条，持续形成高压态势，维护人民群众合法权益。"[1]当前，数据安全问题比较突出，需要高度重视。要加强关键信息基础设施安全保护，强化国家关键数据资源保护能力，增强数据安全预警和溯源能力。要通过深入实施网络安全法，加强数据安全管理，加大个人信息保护力度，规范互联网企业和机构对个人信息的采集使用，特别是做好数据跨境流动的安全评估和监管。要制定数据资源确权、开放、流通、交易相关制度，完善数据产权保护制度。要加大对技术专利、数字版权、数字内容产品及个人隐私等的保护

---

① 中共中央党史和文献研究院编：《习近平关于网络强国论述摘编》，中央文献出版社 2021 年版，第 100 页。

力度，维护广大人民群众利益、社会稳定、国家安全。要深入开展网络安全知识技能宣传普及，倡导网络安全为人民、网络安全靠人民的理念，提高广大人民群众网络安全意识和防护技能。

第五，要按照谁主管谁负责、属地管理的原则，落实好网络安全责任。为了进一步加强网络安全工作，2017 年 8 月 15 日中共中央办公厅发布《党委（党组）网络安全工作责任制实施办法》，明确和落实党委（党组）领导班子、领导干部网络安全责任，并强调各级党委（党组）对本地区本部门网络安全工作负主体责任，领导班子主要负责人是第一责任人，主管网络安全的领导班子成员是直接责任人。各级党委（党组）要认真贯彻落实党中央和习近平总书记关于网络安全工作的重要指示精神和决策部署，贯彻落实网络安全法律法规，明确本地区本部门网络安全的主要目标、基本要求、工作任务、保护措施；要建立和落实网络安全责任制，把网络安全工作纳入重要议事日程，明确工作机构，加大人力、财力、物力的支持和保障力度；要统一组织领导本地区本部门网络安全保护和重大事件处置工作，研究解决重要问题；要采取有效措施，为公安机关、国家安全机关依法维护国家安全、侦查犯罪以及防范、调查恐怖活动提供支持和保障；要组织开展经常性网络安全宣传教育，采取多种方式培养网络安全人才，支持网络安全技术产业发展。行业主管监管部门对本行业本领域的网络安全负指导监管责任，依法开展网络安全检查、处置网络安全事件，并及时将情况通报网络和信息系统所在地区网络安全和信息化领导机构。各级网络安全和信息化领导机构应当加强和规范本地区本部门网络安全信息汇集、分析和研判工作，要求有关单位和机构及时报告网络安全信息，组织指导网络安全通报机构开展网络安全信息通报，统筹协调开展网络安全检查。

四、新国家社会治理观

2022 年 4 月 19 日，习近平总书记在主持召开中央全面深化改革委员会第二十五次会议时强调："要全面贯彻网络强国战略，把数字技术广泛应用于政府管理服务，推动政府数字化、智能化运行，为推进国家治理体系和治理能力现代化提供有力支撑。"[①]要完善信息化支撑的基层治理平台。积极运用数字技术、大数据创新政府治理、提高政府决策质量，是实施网络强国战略、国家大数据战略的重要环节，也是推进国家治理现代化的必然要求。各级领导干部要加强学习，懂得大数据，用好大数据，善于获取数据、分析数据、运用数据，增强利用数据推进各项工作的本领，不断提高对大数据发展规律的把握能力，使大数据在各项工作中发挥更大作用。

第一，要建立健全大数据辅助科学决策和社会治理的机制，推进政府管理和社会治理模式创新，实现政府决策科学化、社会治理精准化、公共服务高效化。2016 年 10 月 9 日，习近平总书记在主持中共中央政治局第三十六次集体学习时强调指出："随着互联网特别是移动互联网发展，社会治理模式正在从单向管理转向双向互动，从线下转向线上线下融合，从单纯的政府监管向更加注重社会协同治理转变。"[②]领导干部

---

① 《加强数字政府建设　推进省以下财政体制改革》，《人民日报》2022 年 4 月 20 日。

② 《加快推进网络信息技术自主创新　朝着建设网络强国目标不懈努力》，《人民日报》2016 年 10 月 10 日。

要善于利用大数据完善决策信息，明确决策目标。通过对海量信息的挖掘和分析，把主次矛盾、因果关系、约束条件等依次呈现出来，为明确政策目标提供最有价值的参考。要积极利用大数据提升决策效率。用好大数据具有的高效的数据搜集、运算能力和极强的预测能力，将问题由“事后解决”转向“事前预测、前瞻决策”，将决策执行情况从“预报”变向“实报”、从“抽样报告”变为“精准报告”，提高反馈的时效性和评估的准确性。要利用大数据优化决策方案。积极应用社交网络、智能终端等传输的数据分析政策执行效果，提高政府事中感知和事后反馈能力，将决策输出端从“谋而后动”转向“随动而谋”，从执行力转向学习力，从静态管理转向动态治理。

第二，要以人民群众的实际需求和真实问题为起点来谋划和使用数据，运用大数据促进保障和改善民生。数据是手段，治理是目的。数据治理的目标是满足人民对美好生活的向往。各级政府在管理和使用大数据时，必须面向人民群众的需求、解决社会存在的问题，立足于实现公共利益和社会价值。从实践来看，大数据在保障和改善民生方面潜力巨大，大有可为。要坚持以人民为中心的发展思想，坚持问题导向，抓住民生领域的突出矛盾和问题，深入推进大数据技术在精准扶贫、教育、就业、社保、住房、医药卫生、生态环保、交通等领域的广泛应用，强民生服务、补民生短板，助力民生改善，推动提升公共服务均等化、普惠化、便捷化水平。

第三，要以推动数据集中和共享为途径，实现政府协同管理和服务。数据是创新的基础，部门间数据无法做到互联共享，大数据分析就是无米之炊，大数据应用更是纸上谈兵。要通过数据的开放和共享，使数据资源流动起来，在应用中发挥价值，推动社会创新、治理创新。要打破数据权属不清、协调不畅、共享不够的问题，改变数据“大而不流、多而不享"的状况,推动数据的归集、共享工作。这方面可以智慧城市、数字政府建设等为抓手,下大力气打通数据壁垒,做好数据的归集和共享工作,推动数据融合、技术融合、业务融合,最终形成"覆盖全国、统一接入、统筹利用"的数据共享体系,进而实现跨层级、跨地域、跨系统、跨部门、跨业务的协同管理和服务。

第四,以多元合作破解数据应用中的技术短板和碎片化问题。过去10多年,政府大力度投资设施建设,后台积累了大量数据。可以说,政府利用大数据难度最低而潜力最大。但目前看,这些有价值的数据多被束之高阁,处于沉睡状态,其原因就是政府在利用和分析这些数据方面存在较大的技术短板,严重影响大数据在政府治理中的应用。在大数据"产生、管理、利用"的全生命周期中涉及多方主体,需要充分发挥多方力量,结合不同应用场景和需求,从政府部门的单一视角治理,转向多领域、多视角、多层面的大数据治理,解决好数据治理中"依靠谁"的问题。要鼓励多方参与,通过政企合作、企业间合作,推动公共服务领域数据共享,形成治理的强大合力。同时,政府内部在数字项目建设和使用中要坚持系统性、整体性思维,从"有机体"的角度理解和认识数据治理,打破条块分割,推动数据治理的集成化。

第五,领导干部要善于通过网络走群众路线。习近平总书记强调:"各级党政机关和领导干部要学会通过网络走群众路线,经常上网看看,潜潜水、聊聊天、发发声,了解群众所思所愿,收集好想法好建议,积极回应网民关切、解疑释惑。"[①]善于运用网络了解民意、开展工作,是

---

① 习近平:《在网络安全和信息化工作座谈会上的讲话》,人民出版社2016年版,第7页。

新形势下领导干部做好工作的基本功。对广大领导干部来说，只有摸清吃透基层情况，掌握第一手材料，了解第一手民意，才能扎实开展好各项工作。各级干部特别是领导干部要深刻认识互联网在国家管理和社会治理中的作用，不断创新互联网时代群众工作机制，用信息化手段更好感知社会态势、畅通沟通渠道、辅助决策施政。真正让互联网成为密切同群众联系的新平台，成为了解群众急难愁盼的新渠道，成为践行全过程人民民主的新形式，凝聚形成网上网下最大的同心圆。

五、新人才观

习近平总书记强调："建设网络强国，要把人才资源汇聚起来，建设一支政治强、业务精、作风好的强大队伍。"[①]党的十八大以来，习近平总书记站在党和国家事业发展全局的战略高度，从汇聚网络人才方面多次部署网络强国建设，鼓励构建具有全球竞争力的人才制度体系。各级领导干部要深入贯彻习近平总书记指示精神，立足网络强国战略对我国人才队伍建设的现实需求和建设要求，营造培养人才、团结人才、引领人才、成就人才的环境，团结和支持各方面网络人才为网络强国和数字中国建设提供人才支撑。

第一，念好了人才经，才能事半功倍。习近平总书记强调："网络空间的竞争，归根结底是人才竞争。建设网络强国，没有一支优秀的人才

---

① 《习近平谈治国理政》第 1 卷，外文出版社 2018 年版，第 199 页。

队伍，没有人才创造力迸发、活力涌流，是难以成功的。"[①]各级党委和政府要从心底里尊重知识、尊重人才，为人才发挥聪明才智创造良好条件。要不拘一格降人才，解放思想，慧眼识才，爱才惜才。要建立灵活的人才激励机制，让作出贡献的人才有成就感、获得感。要构建具有全球竞争力的人才制度体系。

第二，要聚天下英才而用之，为网络强国事业发展提供有力人才支撑。互联网领域、数字经济领域是技术密集型、创新密集型领域，千军易得、一将难求，必须聚天下英才而用之。要加快推进人才体制机制改革，鼓励支持国内科研院校、网信企业加大人才引进力度，不分国家和地区，只要是优秀人才、高端人才，都可以为我所用，要让海内外人才的创新活力与聪明才智得到充分彰显。现在很多有本事的青年人在网络空间里非常有号召力，对他们的工作做不好，他们可能成为负能量；对他们的工作做好了，他们就可以成为正能量。

第三，要在培养人才上下大功夫，对特殊人才要有特殊政策。习近平总书记强调："互联网主要是年轻人的事业，要不拘一格降人才。"[②]培养互联网人才要肯下功夫、舍得花钱，要投入更多人力、财力、物力建设一流的网络空间学院。高校学生既是网络新媒体的受众，也是改善网络生态的重要力量。要发挥高校学科优势和人才优势，鼓励学生利用所知所学，正面发声、理性思辨，唱响网上好声音，传播网络正能

---

① 中共中央党史和文献研究院编：《习近平关于网络强国论述摘编》，中央文献出版社 2021 年版，第 37 页。

② 中共中央党史和文献研究院编：《习近平关于网络强国论述摘编》，中央文献出版社 2021 年版，第 37 页。

量，澄清是非、伸张正义，不做沉默的大多数。互联网领域的人才，不少是怪才、奇才，他们往往不走一般套路，有很多奇思妙想。对特殊人才要有特殊政策，不要求全责备，不要论资排辈，不要都用一把尺子衡量。

第四，要注重培养造就一大批数字意识强、善用数据、善治网络的干部队伍。我国数字政府建设进入持续深化的关键时期，提升干部队伍数字素养显得尤为重要而紧迫。落实好加强数字政府建设的新要求，关键之一就是要培养造就一大批数字意识强、善用数据、善治网络的干部队伍，为全面增强数字政府建设效能提供重要人才保障。领导干部要顺应数据治理的最新趋势，树立"数据就是生产力"的意识，培养适应信息化社会发展要求的数据思维。要有数据意识，形成"用数据说话、用数据决策、用数据管理、用数据创新"的思维和理念，注重逻辑分析和数据决策。要有整体意识，改变重经验轻数据、重直接数据轻关联数据和比较数据、重单一数据轻多元数据和互动数据的决策方式和思维惯性，借用大数据从全面、更宏观的角度看待问题，把握规律，抓主要矛盾。要有开放意识，将大数据作为开门搞决策的一个重要抓手，主动利用信息技术扩大公众参与，将大数据分析的民意结果作为启动政策议程、制定政策方案的重要因素，以增强决策的科学性，提高决策方案认可度，降低决策执行成本。

六、新生态文明观

2022年1月24日，习近平总书记在主持十九届中共中央政治局第三十六次集体学习时强调指出："实现碳达峰碳中和，是贯彻新发展理念、构建新发展格局、推动高质量发展的内在要求，是党中央统筹国内国际两个大局作出的重大战略决策。"①数字技术是碳达峰、碳中和的重要支撑。我们必须深入分析推进碳达峰碳中和工作面临的形势和任务，充分认识实现"双碳"目标的紧迫性和艰巨性，以数字技术助力"双碳"战略，推动生态文明建设，助力经济社会绿色发展。

第一，实现"双碳"目标是一场广泛而深刻的变革，必须发挥好数字技术的支撑作用。习近平总书记强调："实现'双碳'目标是一场广泛而深刻的变革，不是轻轻松松就能实现的。我们要提高战略思维能力，把系统观念贯穿'双碳'工作全过程，注重处理好4对关系：一是发展和减排的关系。二是整体和局部的关系。三是长远目标和短期目标的关系。四是政府和市场的关系。"②用好数字技术，是我们创新发展方式、实现"双碳"目标的底气所在。过去10多年，数字技术在清洁能源利用、绿色低碳转型等方面都发挥了重要作用，显著提高了传统能源的使用效率和经济价值。要在经济社会可持续发展基础上实现"双碳"目标，我国低碳发展转型任务异常艰巨，依靠传统的老路子不可能完成这一艰巨挑战，必须发挥好数字技术的支撑作用，实现弯道超车。

第二，紧紧抓住新一轮科技革命和产业变革的机遇，推进产业优化升级。习近平总书记强调："党的十八大以来，党中央贯彻新发展理念，坚定不移走生态优先、绿色低碳发展道路，着力推动经济社会发展全面

①《深入分析推进碳达峰碳中和工作面临的形势任务　扎扎实实把党中央决策部署落到实处》，《人民日报》2022年1月26日。
②《深入分析推进碳达峰碳中和工作面临的形势任务　扎扎实实把党中央决策部署落到实处》，《人民日报》2022年1月26日。

绿色转型，取得了显著成效……我国已进入新发展阶段，推进'双碳'工作是破解资源环境约束突出问题、实现可持续发展的迫切需要，是顺应技术进步趋势、推动经济结构转型升级的迫切需要，是满足人民群众日益增长的优美生态环境需求、促进人与自然和谐共生的迫切需要，是主动担当大国责任、推动构建人类命运共同体的迫切需要。我们必须充分认识实现'双碳'目标的重要性，增强推进'双碳'工作的信心。"[1]要紧紧抓住新一轮科技革命和产业变革的机遇，用数字技术和理念来重塑能源产业，持续推动产业结构和能源结构调整，实现能源变革，健全绿色低碳循环发展经济体系。要推动互联网、大数据、人工智能、第五代移动通信（5G）等新兴技术与绿色低碳产业深度融合，建设绿色制造体系和服务体系，提高绿色低碳产业在经济总量中的比重。

第三，充分挖掘数字技术在促进能源可持续发展中的价值，探索能源生产和消费新模式。习近平总书记强调："推进'双碳'工作，必须坚持全国统筹、节约优先、双轮驱动、内外畅通、防范风险的原则，更好发挥我国制度优势、资源条件、技术潜力、市场活力，加快形成节约资源和保护环境的产业结构、生产方式、生活方式、空间格局。"[2]要推动能源技术与现代信息、新材料和先进制造技术深度融合，探索能源生产和消费新模式。在以数字化手段提高能源效率方面，我国的理论研究较为前沿，应用场景广阔。例如，当前能源能量密度持续上升的路径已被

---

① 《深入分析推进碳达峰碳中和工作面临的形势任务　扎扎实实把党中央决策部署落到实处》，《人民日报》2022 年 1 月 26 日。

② 《深入分析推进碳达峰碳中和工作面临的形势任务　扎扎实实把党中央决策部署落到实处》，《人民日报》2022 年 1 月 26 日。

打破，建设能源互联网，将先进信息通信技术、控制技术与先进能源技术深度融合，可有力支撑能源电力清洁低碳转型；通过建立数据全生命周期的安全保护流程，实现数据安全流转管控无缝衔接，以应对电力数据开放共享和电网数字化转型过程中面临的数据安全缺乏监管、数据流通安全防护薄弱等问题，助力电力企业的数据安全治理体系建设；利用大数据选址平台，通过信息撮合互换，提供场站查找、车货匹配等功能，实现车、桩、货、人之间的联动，以推动交通运输行业绿色低碳发展，降低城市能源碳排放等。这些数字技术都是助力实现"双碳"目标的重要手段，要深入挖掘数字技术在促进能源可持续发展中的价值，探索能源生产和消费新模式，提速数字化转型实践应用。

第四，要加强政策衔接和技术开发，争当碳达峰、碳中和这一全球科技创新新赛道的排头兵。习近平总书记强调："加强统筹协调。要把'双碳'工作纳入生态文明建设整体布局和经济社会发展全局，坚持降碳、减污、扩绿、增长协同推进，加快制定出台相关规划、实施方案和保障措施，组织实施好'碳达峰十大行动'，加强政策衔接。各地区各部门要有全局观念，科学把握碳达峰节奏，明确责任主体、工作任务、完成时间，稳妥有序推进。"①《2030年前碳达峰行动方案》明确了碳达峰分步骤的时间表、路线图，为"双碳"科技创新体系提供了依据。我们要立足国情，用全国一盘棋的思维，以科技创新为抓手，协调有序推进，既坚定不移走绿色低碳发展的路子，又不能急于求成、偏激冒进，坚决防止"碳冲锋"和运动式"减碳"问题。同时，要聚焦短板问题，着力

---

① 《深入分析推进碳达峰碳中和工作面临的形势任务 扎扎实实把党中央决策部署落到实处》，《人民日报》2022年1月26日。

解决关键共性核心技术，推动产学研相结合，畅通低碳技术创新应用链条，让绿色科技发挥作用。

七、新命运共同体观

网络空间是人类共同的活动空间。习近平总书记指出："网络空间是人类共同的活动空间，网络空间前途命运应由世界各国共同掌握。各国应该加强沟通、扩大共识、深化合作，共同构建网络空间命运共同体。"①随着互联网在世界范围内的快速普及和信息技术的迅猛发展，全球数据呈现爆发增长、海量集聚的特点，数据应用对经济发展、社会治理、公共服务、人民生活都产生了重大影响。在信息技术和人类生产生活不断交汇融合、相互影响的大趋势下，一国乃至世界的和平与发展更加需要一个安全、稳定、繁荣的网络空间。各国都需要致力于网络空间的互联互通、共享共治，共同构建网络空间命运共同体，为开创人类发展更加美好的未来助力。

第一，推动建立全球互联网治理体系。习近平总书记指出："国际网络空间治理，应该坚持多边参与、多方参与，由大家商量着办，发挥政府、国际组织、互联网企业、技术社群、民间机构、公民个人等各个主体作用，不搞单边主义，不搞一方主导或由几方凑在一起说了算。"②推

---

① 中共中央党史和文献研究院编：《习近平关于网络强国论述摘编》，中央文献出版社2021年版，第155页。
② 中共中央党史和文献研究院编：《习近平关于网络强国论述摘编》，中央文献出版社2021年版，第158页。

动建立全球互联网治理体系，需明晰主体角色、制定统一规则、形成相应机制。要以联合国为主渠道、以联合国宪章为基本原则，制定数字和网络空间国际规则，使全球互联网治理体系更加公正合理，更加平衡地反映大多数国家意愿和利益，确保全球互联网治理在联合国框架范围内进行。坚持相互信任尊重和国家不分大小、强弱、贫富一律平等的原则，维护网络主权和网络空间平等的发展权、参与权、治理权，完善网络空间对话协商机制，推动形成多边、民主、透明的全球互联网治理体系。发挥好其他国际组织、互联网企业、技术社群、民间机构、公民个人等在全球互联网治理中的作用。

第二，共享数字时代红利。当前，互联网、大数据、人工智能等信息技术推动数字产业化和产业数字化，世界经济加速向数字化转型。数字经济发展为共享数字时代红利提供了可能，但全球数字鸿沟也因数字经济发展不平衡而不断拉大。共享数字时代红利，既需补齐短板，消弭数字鸿沟；又需强化规制，做大数字经济蛋糕。要加强顶层设计，采取更加积极、包容、协调、普惠的政策，加快全球网络基础设施建设，多措并举、多管齐下向发展中国家提供技术、设备、服务等数字援助，全面提高全球互联网的渗透率和普及率，不断提升不同群体获取、处理、创造数字资源的数字能力。打造开放、公平、公正、非歧视的数字市场和发展环境，建立多边、透明、包容的数字领域国际贸易规则，制定完善数据安全、数字货币、数字税等国际规则和数字技术标准，让各国共乘数字经济发展的快车，为共享数字时代红利奠定坚实的物质基础。

第三，携手应对网络安全问题。习近平总书记指出："网络安全是全球性挑战，没有哪个国家能够置身事外、独善其身，维护网络安全是国际社会的共同责任。"①携手应对网络安全问题，需要充分发挥联合国的主渠道作用和其他各类行为主体的积极作用，加快制定可以被各方普遍接受的国际规则，建立健全全球打击网络犯罪的司法协助机制；需要各国坚持相互尊重、互信共治的基本原则，践行开放合作的网络安全理念，坚持安全与发展并重，深化预警防范、信息共享、应急响应等交流合作，共同遏制网络信息技术滥用，共同反对网络监听、网络攻击、网络空间军备竞赛，共同维护网络空间和平安全。同时，发挥好互联网在推动世界优秀文化交流互鉴中的独特优势，使互联网成为增强各国人民心灵沟通、推动世界网络文化繁荣发展的重要平台和精神家园，为共治全球网络安全问题、构建网络空间命运共同体提供丰厚文化滋养。

第四，反对网络霸权。当前网络空间的竞争和博弈成为各国关注的焦点，网络空间国际秩序处于形成之中。个别西方国家企图将网络技术优势转化为网络空间全球治理权力优势，大搞网络霸凌，强化网络威慑，践踏国际规则，严重破坏网络空间的生态环境，危害国际互联网产业供应链安全。例如，2020 年 8 月，美国开展所谓"清洁网络计划"，试图在电信设备、移动通信、数字平台和云存储方面"去中国化"；2021 年 7月，美国联合日本、欧盟、英国和加拿大发表所谓声明，无端指责中国雇用黑客对美国企业进行网络攻击；2021 年 12 月，美国在所谓"领导人民主峰会"上提议成立"未来互联网联盟"，推行美国标准主导的网络准入和排他规则；等等。网络霸权是破坏网络空间生态的毒瘤，其本质是数字殖民主义，目的是利用国际互联网为其在全球攫取财富、输出意识

---

① 中共中央党史和文献研究院编：《习近平关于网络强国论述摘编》，中央文献出版社 2021 年版，第 157—158 页。

形态以及进行网络攻击提供便利。构建网络空间命运共同体是构建网络空间新秩序的中国方案，是反对网络霸权主义，推动建设相互尊重、公平正义、合作共赢的新型国际关系的必由之路。

八、建设网络强国方略观

党的十八大以来，以习近平同志为核心的党中央高度重视互联网、发展互联网、治理互联网，作出一系列重大决策、实施一系列重大举措，推动网络事业快速发展。党的二十大再次强调要建设网络强国、数字中国，并将其作为建设现代化产业体系的重要支撑。2018 年 4 月 20 日，在全国网络安全和信息化工作会议上，习近平总书记指出，"我们不断推进理论创新和实践创新，不仅走出一条中国特色治网之道，而且提出一系列新思想新观点新论断，形成了网络强国战略思想"[1]。概括起来，主要有以下几个方面。

第一，明确网信工作在党和国家事业全局中的重要地位。习近平总书记指出："没有网络安全就没有国家安全，没有信息化就没有现代化，网络安全和信息化事关党的长期执政，事关国家长治久安，事关经济社会发展和人民群众福祉，过不了互联网这一关，就过不了长期执政这一关，要把网信工作摆在党和国家事业全局中来谋划，切实加强党的集中统一领导。"[2]

---

[1] 中共中央党史和文献研究院编：《习近平关于网络强国论述摘编》，中央文献出版社 2021 年版，第 43 页。

[2] 中共中央党史和文献研究院编：《习近平关于网络强国论述摘编》，中央文献出版社 2021 年版，第 43 页。

第二，明确网络强国建设的战略目标。习近平总书记指出："要站在实现'两个一百年'奋斗目标和中华民族伟大复兴中国梦的高度，加快推进网络强国建设。要按照技术要强、内容要强、基础要强、人才要强、国际话语权要强的要求，向着网络基础设施基本普及、自主创新能力显著增强、数字经济全面发展、网络安全保障有力、网络攻防实力均衡的方向不断前进，最终达到技术先进、产业发达、攻防兼备、制网权尽在掌握、网络安全坚不可摧的目标。"①

第三，明确网络强国建设的原则要求。习近平总书记提出："要坚持创新发展、依法治理、保障安全、兴利除弊、造福人民的原则，坚持创新驱动发展，以信息化培育新动能，用新动能推动新发展；坚持依法治网，让互联网始终在法治轨道上健康运行；坚持正确网络安全观，筑牢国家网络安全屏障；坚持防范风险和促进健康发展并重，把握机遇挑战，让互联网更好造福社会；坚持以人民为中心的发展思想，让亿万人民在共享互联网发展成果上有更多获得感。"②

第四，明确互联网发展治理的国际主张。习近平总书记提出："要坚持尊重网络主权、维护和平安全、促进开放合作、构建良好秩序等全球互联网治理的四项原则，倡导加快全球网络基础设施建设、打造网上文化交流共享平台、推动网络经济创新发展、保障网络安全、构建互联网治理体系等构建网络空间命运共同体的五点主张，强调发展共同推进、

---

① 中共中央党史和文献研究院编：《习近平关于网络强国论述摘编》，中央文献出版社 2021 年版，第 43—44 页。

② 中共中央党史和文献研究院编：《习近平关于网络强国论述摘编》，中央文献出版社 2021 年版，第 44 页。

安全共同维护、治理共同参与、成果共同分享，携手建设和平、安全、开放、合作的网络空间。"①

第五，明确做好网信工作的基本方法。习近平总书记指出："网信工作涉及众多领域，要加强统筹协调、实施综合治理，形成强大工作合力。要把握好安全和发展、自由和秩序、开放和自主、管理和服务的辩证关系，整体推进网络内容建设、网络安全、信息化、网络空间国际治理等各项工作。"②

习近平总书记的系列重要论述从党和国家事业全局出发，系统阐释了数字经济、数字治理、网络安全、网络强国等战略思想的丰富内涵，科学回答了事关数字经济、网络事业长远发展的一系列重大理论和实践问题，为把握信息革命历史机遇、加强网络安全和信息化工作、加快推进网络强国建设明确了前进方向，具有重大而深远的意义。这些重要论述，是做好这方面工作的根本遵循，必须长期坚持贯彻、不断丰富发展。

各级领导干部要提高数字经济、数字治理的思维能力和专业素质，增强发展本领，强化安全意识，抓住机遇，赢得主动，推动有关工作更好服务和融入新发展格局。结合我国国情和未来发展需要，有几个方面要尤为重视。一是要做强"新基础"，充分认识新型基础设施建设的战略意义和全球最新发展态势，强化数字技术基础设施化、基础设施数字化和社会基础数字化；二是做优"新空间"，把网络空间作为凝聚社会共识

---

① 中共中央党史和文献研究院编：《习近平关于网络强国论述摘编》，中央文献出版社 2021 年版，第 44—45 页。

② 中共中央党史和文献研究院编：《习近平关于网络强国论述摘编》，中央文献出版社 2021 年版，第 45 页。

的平台和抓手，在实践探索、借鉴反思和有效规制中营造良好的网络空间秩序；三是做大"新要素"，充分认识数据要素的战略性资源属性，持续提高数据、算力、算法、平台的竞争力；四是维护"新安全"，深刻认识网络安全的重要意义和风险挑战，强化网络安全治理和领导责任，坚决维护网络安全；五是倡导"新文明"，加强网络乱象治理，营造风清气正的网络空间；六是推动"新治理"，积极利用数字技术提升治理能力，以数字治理助推国家治理能力现代化；七是建设"数字中国"，积极推进各领域数字化转型，建设数字政府、数字社会；八是构建"网络空间命运共同体"，坚决反对网络霸权主义，推动建立全球互联网治理体系。

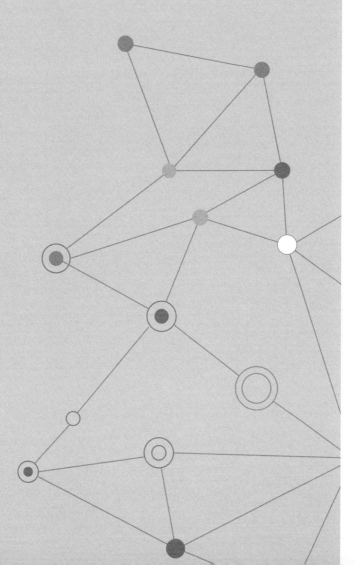

第二章　迎接数字空间的机遇挑战

早在 2016 年，习近平总书记在十八届中央政治局第三十六次集体学习时，就强调要做大做强数字经济、拓展经济发展新空间；并在党的十八届五中全会提出要实施网络强国战略和国家大数据战略，拓展网络经济空间，促进互联网和经济社会融合发展，支持基于互联网的各类创新。

数字空间作为虚拟空间，近年来逐渐成为与现实空间融合共生的新空间，具体涵盖了人工智能、数据、社交媒体、网络安全和物联网等层面。作为数字空间的典型代表，数字平台的功能定位已不再局限为人们科技生活的介质工具，而是逐渐成为全球社会经济乃至国际政治竞争的主导力量之一。近年来，全球新冠疫情的暴发和蔓延，使数字空间加速与现实空间的融合，数字社会化水平不断提高，数字经济不断催生演变。在数字空间技术不断为人类带来工作与生活便利的同时，全球数字空间治理也宣告进入了一个新的阶段，面临全方位的挑战。

一、数字空间是与现实社会共生的新空间

数字空间是一个虚拟空间，以互联网为基础，而真实空间的基础则是我们所生活的现实世界。数字空间与真实空间交汇而成的空间为混合空间。有些混合空间被称为网络实体系统，比如适用互联网和其他基于传感器的网络系统。现实社会生产生活过程中的许多基于互联网的系统就属于混合空间，不是没有任何真实空间成分的纯数字空间。由此可见，数字空间与现实社会虽然不同，但也存在共生关系。

（一）数字空间的概念

数字空间是一个以互联网和其他网络为基础设施，涵盖人工智能、数据、物联网、网络安全和社交媒体等不同层面的数字经济和数字社会空间（见图2—1）。数字空间可以被看作是社会和技术力量相互作用的产物，而依托数字技术向双边或多边用户提供交易与互动的运行空间的数字平台，则可以被视为数字空间的典型代表。

	数字空间				
子空间	数字经济、数字社会				
层面	人工智能	数据	物联网	网络安全	社交媒体
基础设施	互联网和其他网络				

图 2—1　数字空间及其子空间、层面和基础设施

数字经济是数字空间的两大子空间之一，在21世纪得到极大发展，联合国贸易和发展会议（UNCTAD）在《2019年数字经济报告》中指出：过去15年内，数字经济的增速是全球GDP增速的2.5倍，其体量与2000年相比近乎扩大了1倍。数字社会包含数字文化在内，在概念上与"互联网"涵盖的语义范畴最为接近。

21世纪，数字空间和网络空间引起了社会广泛关注，人们一般交替使用"数字空间"和"网络空间"这两种说法。事实上，二者存在一定区别。

网络空间属于社会性空间，它是伴随着互联网技术的发展从社会空间中延伸和分化出来的空间形态。它既具有私人化特征，又具有公共化

特征，以及独特的运行规律。①如果说网络时代的"网络空间"是指一种基于分布广泛、互联互通技术的人造空间，那么数字时代的"数字空间"则有着更加广泛的数字技术作为人类活动的根基。由于网络空间在内涵和外延上的不断扩大，网络空间概念的界定也被逐渐泛化。如果说，网络空间通常与网络安全和网络战争联系紧密，那么，数字空间则更多与数字经济和数字社会的语境相适应，从狭义词汇性质上来说，"数字空间"更具备中性释义；从广义概念界定上来说，数字空间作为一个新空间，它可以被视为所有空间的数字化转型与升级。②

（二）数字空间的发展现状

2021 年 10 月 18 日，习近平总书记在十九届中共中央政治局第三十四次集体学习时进一步强调："数字经济事关国家发展大局，要做好我国数字经济发展顶层设计和体制机制建设，加强形势研判，抓住机遇，赢得主动。各级领导干部要提高数字经济思维能力和专业素质，增强发展数字经济本领，强化安全意识，推动数字经济更好服务和融入新发展格局。"③

总体而言，我国数字经济已经取得了令人瞩目的成绩。从市场规模看，据《中国电子商务报告（2022）》显示，2022 年全国电子商务交易额达 43.83 万亿元，同比增长 3.5%，另据商务部数据，我国跨境电商进

---

① 参见周伟业：《网络空间的文化内涵与命运共同体意蕴》,《传媒观察》2018 年第 5 期。

② 参见全吉男、邓珏霜：《厘清数字空间各层面治理》,《网络传播》2021 年第 5 期。

③ 《把握数字经济发展趋势和规律　推动我国数字经济健康发展》,《人民日报》2021 年 10 月 20 日。

出口规模为 2.1 万亿元人民币，比 2021 年增长 7.1%，占我国货物贸易进出口总值的 4.9%；从企业活力看，截至 2021 年底，国内市场价值 10 亿美元以上的平台经济型企业已超 200 家，其中市值估值在万亿以上的平台如阿里巴巴、腾讯、字节跳动、美团和拼多多等可称为"超级平台"。《2021 年我国百强互联网企业发展态势研究》报告显示，超级平台企业已占全国百强企业总市值的 51.7%；《2022 年我国百强互联网企业发展态势研究》报告显示，2022 年互联网企业综合实力指数值高达 730.7 分（以 2013 年 1 为基期 100 分），较上一年度增长 18.5%，较 2013 年增长 630.7%；从发展后劲看，胡润研究院发布的《2022 年全球独角兽企业指数报告》显示，中国拥有 312 家独角兽公司，位居全球第二，排名前十的独角兽占全球独角兽企业总价值的 17.6%，其中 5 家来自中国。抖音以 1.3 万亿元的估值保住了全球价值最高的独角兽头衔。

二、数字空间的机遇

（一）创造经济新秩序

一是全球价值链的重构。数字科技助力更多微观经济主体融入全球价值链，推动全球价值链衍生新节点，化解长价值链条所面临的控制难题，破解成本与风险约束，消弭信息鸿沟，从而推动全球价值链进一步细化分工、深度延展。但数字科技也表现出逆全球化特性，加速制造环节回流发达国家本土，简化工序流程，导致全球价值链表现出短链化、区域化、扁平化等特征。在上述因素的合力作用下，未来全球价值链将表现出以下重构趋势：产业回流引发纵向收缩，区域合作导致横向延展；

"数字产业化"推动数字产业价值链延展，"产业数字化"引发传统产业价值链收缩；企业总部在物理空间内集聚，离岸业务在数字空间内扩散；"链主"企业实施的聚焦、进取或权变战略，是推动不同价值链展现出差异化重构走向的微观基础。[①]

二是产业结构的变迁与升级。作为一种新的经济形态，数字经济在缩小区域发展差距、推进产业结构升级上具有关键性的推动作用。数字经济主要通过市场再转型、财政再增效和价值再重构实现经济均衡增长、财政效能优化与社会公平正义，通过市场机制、财政机制和社会机制三种力量的协同联动，赋能初次分配数量增加、二次分配效率提升和三次分配质量提高。[②]整体上，数字经济发展产生了显著的"消费激励"效应，地区数字经济发展水平越高，越有利于促进地区消费结构优化，但激励作用效果在东部地区、中部地区、西部地区之间存在异质性。相比东部地区，数字经济对中、西部地区呈现出更强的消费激励效应，这也为中、西部地区促进消费、优化消费结构提供了新的路径。[③]

三是劳动力空间配置的进一步优化。一方面，数字经济发展显著促进了流动人口职业层次提升，通过促进流动人口人力资本积累和社会资本积累提升其职业层次，对流动人口职业层次的影响存在异质性效应，

① 参见伦蕊、郭宏：《数字经济影响下全球价值链的重构走向与中国应对》，《中州学刊》2023 年第 1 期。

② 参见郭爱君、张小勇：《数字经济赋能共同富裕：现实基底、逻辑机制与实现进路》，《内蒙古社会科学》2022 年第 4 期。

③ 参见刘洋：《数字经济、消费结构优化与产业结构升级》，《经济与管理》2023 年第 2 期。

对跨省流动人口、长期流动人口和城乡流动人口的影响更明显。①另一方面，家乡数字经济可有效促进当地劳动力回流。户籍地数字经济发展提升了流动人口的返乡意愿和实际返乡的概率，并且减少了本地人员实际外出务工现象。家乡良好的就业创业环境、更加适配的工作机会和收入增加是户籍地数字经济发展吸引流动人口返乡的主要原因。户籍地数字经济发展对技能水平较低、流入城市生活成本和公共服务门槛较高、流动机会成本较高的流动人口回流的吸引力更大。②

（二）赋能社会治理

一是推动基层治理。一方面，数字赋能有效增益了乡村治理的主体力量，激活全过程人民民主实践，重塑村庄公共性；通过数字信息的治理，助力基层政府实现对流动乡村的动态管理、公共服务的有效落地、群众合理诉求的高效回应等。③另一方面，数字空间为村民自治提供了场域。从社会建构视域看，村民自治场域可以从物理空间拓展到数字空间主要缘于在数字空间中实现了问题建构、身份建构和秩序建构的有机统一，以商议村庄公共事务的形式进入数字空间尊重了问题与空间的相容性，以户籍为准入条件、以现实职位角色为基础构建网络虚拟社区坚持了村民自治的社会属性，以数字体系、乡规民约等制度章程规范主体

---

① 参见周闯、郑旭刚：《数字经济发展与流动人口职业层次提升》，《财经问题研究》2023年第1期。

② 参见邹月晴、陈媛媛、宋扬：《家乡数字经济发展与劳动力回流——基于互联网平台发展的视角》，《经济学报》2023年第1期。

③ 参见韩庆龄：《论乡村数字治理的运行机理：多元基础与实践路径》，《电子政务》2023年第5期。

行为保障了数字空间的秩序性。[①]

　　二是推动多地区、多主体的协同治理。在新发展阶段，数据要素化和社会经济数字化已成为必然趋势，数字技术革命加速推动人类经济活动向多元经济空间拓展，数字治理是新发展理念指导下实现区域一体化的关键路径。系统性、整体性、协同性、智治性是数字治理驱动的区域一体化发展战略的主要特征。可以从规划编制、城市大脑、城市群安全防控、中心城市决策体系、中小城市场景开发等方面推进区域一体化发展，从建设数字政府、发展数字经济、数据驱动创新、打造高品质数字社会等方面加快建设数字区域一体化发展体系。[②]通过大数据为城市治理现实场景"画像"，推动公共安全治理数字化、网络化、智能化运行。在实践中，数据驱动的城市公共安全风险治理呈现"数据聚合—数据关联—数据决策"为主线的数据治理和"风险识别—风险研判—风险防控"为主线的风险治理双重协同过程，由此形成了基于数据要素聚合的风险识别机制、基于数据关联分析的风险研判机制、基于部门业务协同的风险防控机制。[③]

　　三是促进国家治理现代化路径的多元化。随着信息网络技术的飞速发展，大数据逐渐成为国家治理函数中的重要技术变量，有力地促进了国家治理的现代化进程。作为技术治理的重要实践形式，大数据技术通

---

　　① 参见何阳、高小平：《迈向技术型自治：数字乡村中村民自治空间转向的社会建构》，《内蒙古社会科学》2022年第6期。

　　② 参见吴朝晖：《多元经济空间交互运行，数字治理驱动区域一体化高质量发展》，《浙江大学学报（人文社会科学版）》2021年第1期。

　　③ 参见吕志奎、易雅婷：《数据驱动的城市公共安全风险协同治理机制探析》，《中国高校社会科学》2023年第1期。

过倒逼、嵌入、赋权和增能机制，推动国家治理的理念转型、组织变革、活力增强和效能提升。①《"十三五"国家信息化规划》提出数字中国建设的发展目标。《中华人民共和国国民经济和社会发展第十四个五年规划和2035年远景目标纲要》提出："迎接数字时代，激活数据要素潜能，推进网络强国建设，加快建设数字经济、数字社会、数字政府，以数字化转型整体驱动生产方式、生活方式和治理方式变革。"②

（三）重构外交与军事场景

一是数字外交的兴起。在新冠疫情冲击下，全球范围内外交活动的数字化进程加速。尽管不能完全取代传统外交，但数字外交已被广泛应用于大国关系并对国际政治产生了深刻影响，国家的对外行为也需要适应数字外交与传统外交并行发展所带来的变化。数字外交涵盖的领域非常广泛，包括外部环境、风险管理、数据安全保护、时机、议程设置、目标受众、数据信息反馈、外交资源利用和分享以及外交人员培训等。③尽管无法取代传统外交，但数字外交已呈现出两个重要特质：一是跨越地理空间障碍，向他国公众传播符合本国国家利益的信息；二是传播效率高、针对性强。在量子计算和人工智能等数字技术应用于数字平台后，

---

① 参见李茂春、罗家为、李志强：《大数据促进国家治理现代化的运作逻辑——基于技术治理的解释》，《江西社会科学》2022年第10期。

② 《中华人民共和国国民经济和社会发展第十四个五年规划和2035年远景目标纲要》，人民出版社2021年版，第46页。

③ 参见张晓慧、肖斌：《传播策略与大国数字外交——基于美俄关系下俄罗斯数字外交的案例分析》，《世界经济与政治》2021年第11期。

数字外交的信息收集和处理能力得到大幅提高。[①]

　　二是推动中国特色军事变革。自美国在海湾战争后提出数字化战场的概念后，许多国家经过理论研究和实践探索，对此有不同的表述。中国专家认为，所谓数字化战场，是指以覆盖整个作战空间的信息网络为基础，将各个信息化作战环节连接在一起，实现了信息收集、传输、处理和运用的自动化和高度一体化的战场。[②]数字化战场的实质是一个把战场上各种信息系统、信息化武器系统、数字化部队连接在一起的大系统，数字化战场的目标是在数字化、信息化的基础上实现战场各个作战环节的智能化，数字化战场主要包括指挥控制系统、情报侦察系统、预警探测系统、电子战系统、信息传输系统、数字化部队和后勤保障系统等。[③]

三、数字空间的挑战

（一）数字空间竞争加剧区域发展不平衡

　　数字空间发展所处的历史脉络与网络空间有较为显著的差异。数字空间不是在一个强调"互联互通"的国际环境下发展起来的，而是在地缘政治冲突加剧的环境下成长起来的。数字空间的未来发展充满不确定性，而数字空间国际规则的博弈也将成为大国博弈的焦点。5G、大数

---

　　①　参见王森等：《基于社交大数据挖掘的城市灾害分析——纽约市桑迪飓风的案例》，《国际城市规划》2018 年第 4 期。

　　②　参见秦宜学等：《数字化战场》，国防工业出版社 2004 年版，第 5 页。

　　③　参见刘志青：《科学发展观指导下的中国特色军事变革》，《当代中国史研究》2012 年第 3 期。

据、人工智能等数字空间赖以生存和发展的技术架构，从发展伊始就是国际战略竞争的重点关注领域，近年来，它们更是成为美国对华实施遏制战略的"主战场"。在这一背景下，全球数字经济竞争持续升级，全球数字技术标准竞争不断加剧。

首先，全球数字经济竞争持续升级。大国竞争通常被描述为一种战略，它已经成为影响国际格局深度变化的重要表现之一。随着数字时代的来临，数字经济已经成为全球要素资源重组、全球经济结构重塑和改变全球竞争格局的关键力量，大国竞争与博弈逐渐从现实空间向数字空间扩展。[1]参与博弈的主要世界大国将在一个不同特征的新空间中迎接新的竞争主体，并构建新的竞争战略和逻辑。从计算机网络、阿帕网[2]（Arpanet）和早期公告板的出现，到在线、数据驱动的应用程序和服务，平台被看作是技术、科学和国家三个关键因素共同驱动下的产物。与市场相似，平台也不是自然而然出现的，它是时刻进行的政治竞争的对象，这些竞争将平台嵌入社会的监管框架。平台通过对外和对内的技术赋权，实现了从平台企业向平台市场和平台社会的升级和蜕变。

其次，全球产业链重构影响中国产业链升级。受新一轮科技革命、国际经贸规则变化和新冠疫情三重因素叠加影响，全球化进程遭遇逆流，各国外部不确定性风险增加，全球产业链格局深刻调整，呈现出智能化、短链化、绿色化、本土化、近岸化、区域化、多元化、封闭化趋势。全

---

[1] 参见许蔓舒、桂畅旎、刘杨钺等：《数字空间的大国博弈笔谈》，《信息安全与通信保密》2021 年第 12 期。

[2] 阿帕网为美国国防部高级研究计划署开发的世界上第一个运营的封包交换网络，它是全球互联网的始祖。

球产业链格局演变对中国制造业影响初显，我国产业链升级面临诸多挑战。一方面，美国拉拢其盟友干扰我国区域产业链布局升级，我国高端制造业领域竞争压力增加；另一方面，新兴经济体追赶挤占效应加强，部分产业面临贸易和产业转移风险。[①]

最后，数字经济差序格局引发消费不平等。数字经济中，电商平台通过集成数据和信息资源塑造出了一个网商与同行、消费者相互监视的场域，并借此让网商们陷入价格竞争的泥沼，最终达成对这一群体的系统控制。[②]一方面，群体消费不平等问题突出。尽管电商经济确实帮助了许多地方的农民家庭实现了脱贫增收，但这些家庭中的女性并没有因为经济条件的改善而获得更高的社会地位，反而沦为了受数字资本和父权制家庭双重剥削的廉价劳动力。[③]另一方面，地域（区）消费不平等也正在进一步加剧。衍生于信息技术的电商技术对地理空间有"去地域化"的作用，突出表现在打破商品下沉的地域限制，使城镇乃至农村居民足不出户就能以同样的价格购买到与大城市消费者一样的商品。虽然电商技术确实在一定程度上消除了商品交易的地域障碍，但它也在划分新的地理边界，创造出网购消费的新型差序格局。[④]

[①]　参见周禛：《全球产业链重构趋势与中国产业链升级研究》，《东岳论丛》2022 年第 12 期。

[②]　参见邵占鹏、甄志宏：《全视监控下网商价格竞争的形塑机制》，《社会学研究》2022 年第 3 期。

[③]　参见聂召英、王伊欢：《复合型排斥：农村青年女电商边缘化地位的生产》，《中国青年研究》2021 年第 9 期。

[④]　参见钱霖亮：《电商经济中的差序格局：产业集聚、空间想象与数字消费不平等》，《浙江学刊》2023 年第 1 期。

（二）数字技术拓展治理疆域

一是全球数字技术标准竞争不断加剧。数字经济经过自由发展达到庞大规模之后，在国际竞争方面面临的主要是标准和规则的竞争[1]，当前全球主要国家在数字平台反垄断、数字资产监管、数字税等方面通过市场准入与规则制定的不断碰撞和妥协，在平台竞争中走向融合和对接。如欧盟委员会主席冯·德·莱恩所认为的，欧洲现在必须在数字上领先，否则将不得不追随那些正在为我们制定数字标准的国家。国际上围绕数字技术的竞争正在从建立市场主导地位延伸到制定行业技术标准，美国、欧盟、中国之间的标准制定与引领之争正在升级，其中，中美是这场规则之争的最主要国家。2020 年 8 月，联合国秘书长安东尼奥·古特雷斯（Antonio Guterres）曾公开表示，中美不断升级的紧张关系可能导致世界分裂成"两个集团"，包括两套主导货币和贸易规则、两种不同的互联网和人工智能战略，从而不可避免地形成两种地缘和军事战略。

二是网络安全问题频出。国家成为全球网络安全领域的决定性力量，具有影响力的网络行动大多可溯源到国家行为体或由政府支持的组织或个人。以美国为例，其已经明确将进攻性网络理念作为网络司令部的指导方针，开展了前置防御、前沿狩猎等多种形式的网络行动。国家不断开展的网络行动也提升了网络防御的难度，各国的国家安全风险更多地暴露在网络空间。[2]与此同时，社会生活的高度"数据化"也带来了诸

---

[1] 参见李芳、程如烟：《主要国家数字空间治理实践及中国应对建议》，《全球科技经济瞭望》2020 年第 6 期。

[2] 参见鲁传颖：《全球网络安全形势与网络安全治理的路径》，《当代世界》2022 年第 11 期。

多挑战，其中就包括经常爆发的大规模数据泄露事件，黑客等网络偷盗者利用日益复杂的技术或其他手段窃取数据并在黑市上出售牟利或恶意公开，从而给消费者、数据平台乃至整个社会造成重大损失：消费者因个人数据的泄露而遭受多种形态的侵害，数据平台则面临数据泄露受害人的大规模索赔以及监管机构的执法行动，政府也将因行政或刑事执法行动而负担不菲成本。[①]

三是平台垄断加剧。伴随着数字经济的发展壮大，互联网平台应运而生并茁壮成长，已成为中国重要的微观市场主体。但平台发展过程中也存在不少问题，诸如双向扩张，实现垄断自我强化；数据泄露，隐私安全面临风险；算法滥用，侵害市场公平竞争；数据滥用，价格歧视备受诟病；恶意排他，网络效应发挥受限；等等。[②]随着以互联网平台为代表的数据型经营者向深度演进，互联网平台逐步显现出既具有促进市场经济创新发展的正外部性，也可能具有阻碍市场经济公平发展的负外部性，最典型的负外部性莫过于垄断。当前，互联网平台衍生了以算法合谋为主要形式的垄断协议、利用数据资源滥用市场支配地位、数据驱动型经营者集中等新型数据垄断形式，给我国反垄断规制带来了诸多困扰。尽管我国对反垄断做了较多努力并修订了《中华人民共和国反垄断法》，但是互联网平台数据垄断的治理机制仍有待完善。[③]

---

①　参见解正山：《数据泄露损害问题研究》，《清华法学》2020 年第 4 期。

②　参见蓝庆新、史方圆：《我国互联网平台发展的垄断问题及对策建议》，《理论学刊》2022 年第 4 期。

③　参见程雪军、侯姝琦：《互联网平台数据垄断的规制困境与治理机制》，《电子政务》2023 年第 3 期。

（三）数字技术驱动国际军事权力与秩序重构

第一，算法认知战背后的战争规则之变。俄乌冲突已然成为全球 AI 前沿技术的"超级实验室"，极大地突破了法律和伦理的制约与边界。美国及其联合成立的北约组织借助算力、算法、数据和平台的强大智能优势，发动了强大的算法认知战，极大地改变了俄乌冲突双方的态势，新型的战争形态浮出水面。算法认知战基于全球一体化的网络空间，突破地域边界，形成全球性作战和动员能力，凸显了数字时代战争形态和规则的颠覆性变革。算法认知战具备能够超越国界，只需装备、技术、数据和情报等投入，深度策动并参与战争，威力大、效果好、成本低和几乎免除了战争的各种直接风险等特征，必将成为未来人工智能军备竞赛的重中之重。[1]

第二，网络战争中的"数字威权主义"。数字威权主义是近年来以美国为首的西方战略界建构出来的一种理论，这一理论的核心是西方标准下的非民主国家利用数字技术、产品和服务，限制公民的权利、自由和行动，侵犯公民的隐私。在上述认知的基础上，以美国为首的西方国家对数字技术的出口管制、投资筛选及数字产品的市场准入加大了管控力度，加强了在国际技术标准领导机构领导权的争夺，将越来越多的中国数字技术企业列入了制裁名单。数字威权主义论是近年来美国"对华战略失败"论在数字领域的反映，是以美国为首的西方国家将数字技术"泛意识形态化"的体现，是在世界百年未有之大变局下，以美国为首的西方国家在数字领域争夺主导权的重要抓手。中国应在国际社会，特别是联合国框架内

---

① 参见钟祥铭、方兴东：《算法认知战背后的战争规则之变与 AI 军备竞赛的警示》，《全球传媒学刊》2022 年第 5 期。

提出并倡导数字时代的共同发展观，并从全球治理的角度主动提出数字治理的中国方案，破解"数字威权主义"论给中国带来的危害。[①]

第三，国际权力与国际秩序的重构。当今世界正处在新一轮科技革命与产业变革深入发展和世界大变局深刻演变的重大历史交汇期，新技术群发式突破与融合发展正将人类社会推进一个全新的时代。新科技革命正在深刻重塑国际权力的内涵与形态，基于技术的权力已成为支撑其他国际权力的支柱，围绕技术权力的争夺和秩序构建将是 21 世纪国际战略竞争的核心，这将国际政治从"地缘政治时代"推向"技术政治时代"，继而孕育出"技术政治战略"。美国新的战略思维和战略意识形态塑造日渐清晰，正在"技术多边主义"框架下布局构建"技术联盟"，搭建"分层金字塔"结构技术霸权体系，争夺战略新空间控制权，重构战略威慑能力与威慑体系。在技术政治战略下，国际战略思维、理论、体系、方法、路径等都在发生系统性变革，多域空间融合的国际战略理论体系亟待构建。[②]

四、我国数字空间政策新进展

近年来，我国数字社会建设步伐加快，互联网普及率和用户规模大幅攀升。"十四五"时期，我国开启了全面建设社会主义现代化国家新征程。加快数字社会建设步伐成为推动我国现代化发展的必然要求和重大

[①]　参见刘国柱：《"数字威权主义"论与数字时代的大国竞争》，《美国研究》2022 年第 2 期。

[②]　参见唐新华：《技术政治时代的权力与战略》，《国际政治科学》2021 年第 2 期。

战略举措。党中央、国务院高度重视平台经济规范健康持续发展。

2020年10月29日，党的十九届五中全会通过的《中共中央关于制定国民经济和社会发展第十四个五年规划和二〇三五年远景目标的建议》，明确提出要"加快数字化发展"，并对此作出了系统部署。该规划指出，数字经济、数字社会、数字政府，是数字化发展的重要组成部分，三者互为支撑、彼此渗透、相互交融。

2021年3月15日召开的中央财经委员会第九次会议强调，要推动平台经济规范健康持续发展，要坚持发展和规范并重，把握平台经济发展规律，建立健全平台经济治理体系，会议在肯定平台经济积极作用的同时，也为平台经济发展定下了政策基调——发展和规范，会议不仅强调了监管层面加快建立健全平台经济治理体系，还对平台企业发展指明了方向——为高质量发展和高品质生活服务。

2021年10月27日，中央网络安全和信息化委员会印发《"十四五"国家信息化规划》（以下简称《规划》）对我国"十四五"时期信息化发展作出了部署安排，提出"党建引领、服务导向、资源整合、信息支撑、法治保障的数字社会治理格局基本形成"。《规划》对数字社会建设给出了明确的指导与规划，提出了"数字社会建设稳步推进"的发展目标，明确了"支撑共建共治共享，促进更加公平发展"的主攻方向，强调了"构筑共建共治共享的数字社会治理体系"的重大任务和重点工程。

2022年4月29日，中共中央政治局召开会议，提出为了促进平台经济健康发展，要完成平台经济专项整改、对其实施常态化监管，并出台具体措施。

2022年5月31日，《国务院关于印发扎实稳住经济一揽子政策措施的通知》明确了要进一步维护平台企业的市场竞争秩序，在防止资本无序扩张的前提下设立"红绿灯"，并引导平台企业在疫情防控中做好防疫物资和重要民生商品保供，完成"最后一公里"的线上线下联动，与此同时，鼓励平台企业加快人工智能、云计算、区块链、操作系统、处理器等领域技术研发突破。

2022年6月22日，中央全面深化改革委员会第二十六次会议审议通过了《强化大型支付平台企业监管　促进支付和金融科技规范健康发展工作方案》，方案强调了要推动大型支付和金融科技平台企业回归本源，要依法依规将平台企业支付和其他金融活动全部纳入监管，坚持金融业务持牌经营，强化金融控股公司监管和平台企业参控股金融机构监管，强化互联网存贷款、保险、证券、基金等业务监管。

2023年2月27日，中共中央、国务院印发《数字中国建设整体布局规划》，将"数字社会精准化普惠化便捷化取得显著成效"作为2025年数字中国建设的目标之一，明确提出"构建普惠便捷的数字社会"，为加快数字社会建设指明了前进方向。加快数字社会建设步伐、构建普惠便捷的数字社会，是建设数字中国的重要内容，也是推动社会主义现代化更好更快发展的必然要求。

此外，我国在工业互联网、物联网、信息服务以及行业数字化建设方面均出台相关政策，持续完善和加强我国在数字空间领域的政策保障与国际竞争优势。从"加快数字化发展"到"强化互联网金融业务监管"，我国数字空间领域政策正不断完善、细化，"防护伞"正在逐渐加强，人们在数字空间内的日常活动正得到前所未有的保护。

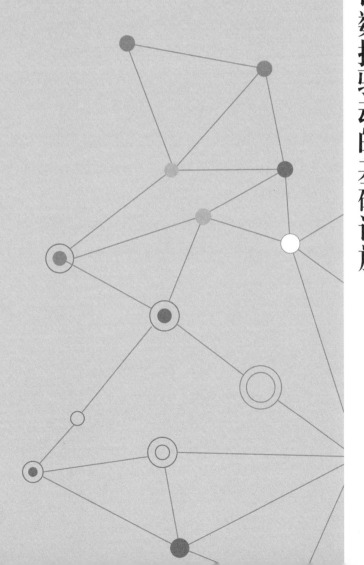

第三章 建设数据驱动的基础设施

当今世界，信息化发展很快，不进则退，慢进亦退。习近平总书记强调："我们要加强信息基础设施建设，强化信息资源深度整合，打通经济社会发展的信息'大动脉'。"①我国要持续加快新型基础设施建设，夯实数字经济发展底座，不断塑造发展新动能、新优势。

当今，新型基础设施发展的技术拼图已经形成。全球性的数字化革命的动因是通信、计算、控制及其相互作用形成的智能。数字化革命的技术与哲学在 70 年前就已经确立，到今天技术拼图基本形成，驱动形成覆盖各个领域的数字化浪潮。从电缆到光缆，从窄带到宽带，从交换机到路由器，形成了连接的力量。大数据改变了认识和改造世界的方法论，云计算带来了资源配置方式的重大变革，人工智能开创了人类的新世界，App 带来了生产力的大幅提升，软件定义世界实现了知识自动化和生产力革命，区块链使人们能够解决网络的信任问题，而元宇宙将推动现实与虚拟世界的融合等，这些新一代信息通信技术的创新发展，赋能各行业、各领域的数字化、网络化、智能化转型。

人类发展形态变迁，引发新一轮基础设施建设浪潮。从人类社会发展史看，每一次产业技术革命都会带来经济形态的变迁，引发新一轮基础设施建设，带来发展格局、产业体系、制度文化的重构。当前，人类社会正在从工业时代迈入数字时代，各国都在构建新型基础设施以支撑数字经济的发展。我国正处于数字经济快速发展阶段，迫切需要构建新型基础设施，以支撑经济社会的全面数字化发展。

---

① 习近平：《在网络安全和信息化工作座谈会上的讲话》，人民出版社 2016 年版，第 4 页。

一、新型基础设施的内涵与分类

（一）新型基础设施的内涵

新型基础设施是指以信息网络为基础，以数据要素为核心，提供感知、连接、存储、计算、处理等数字能力的基础设施体系。新型基础设施相比传统基础设施的跨越性差异有以下几点。一是通用技术创新活跃，带动范畴广。随着信息技术与经济社会深度融合，更多新兴网络、应用平台和信息系统都为生产生活提供服务，数字基础设施的范畴会随着新技术新模式的发展而不断拓展延伸。二是技术性强，设施迭代升级迅速。数字基础设施所依托的信息技术在不断创新优化，网络与系统建设、运营、管理需要相应迭代升级。三是面向应用，需要持续投入开发。数字基础设施软硬结合，基于对数据的采集、计算、分析实现与应用的紧密耦合，需要根据场景不断开发，要求大量持续性投入。四是数据为核，需要统一标准规范。数据是数字基础设施实现高效运行的核心生产要素，为了发挥数据价值，需要统一建设标准、技术规范等，推动不同所有者设施间的互联互通，实现城市间、行业间、企业间的数据流通共享。五是网络性强，安全可靠要求更高。数字基础设施是联网运行，生活生产将取决于数字基础设施的安全可靠，恶意攻击或网络故障将带来不可估量的损失，需要高度重视安全问题。六是跨界融合，创新型人才需求大。数字基础设施建设运营对技术要求高，需要熟悉信息通信、软件和相关产业领域的技术型、融合型人才，对人才结构提出较高要求。

（二）新型基础设施的分类

新型基础设施可分为以下三类。

信息基础设施：主要是指基于新一代信息技术演化形成的基础设施。主要包括：一是网络基础设施，如光纤、5G等；二是算力基础设施，如云计算，数据中心等；三是新技术基础设施，如人工智能、区块链、智慧城市等。

融合基础设施：主要是指深度应用互联网、大数据、人工智能等技术，支撑传统基础设施转型升级，进而形成的一类新型基础设施。融合基础设施范围广阔，涉及所有传统基础设施领域。主要包括：一是打造具备较高水平的工业互联网，二是发展协同高效的交通物流基础设施，三是构建清洁高效的智慧能源系统，四是建设先进普惠的智慧民生基础设施，五是形成绿色智慧的环境基础设施，六是建设智能新型的城市基础设施，七是构筑系统完备的智慧农业农村设施体系。

创新基础设施：主要是指支撑科学研究、技术开发、产品研制的具有公益属性的基础设施，包括重大科技基础设施、科教基础设施、产业技术创新基础设施等。其中，重大科技基础设施作为重要的公共研究支撑平台，通常分成作为技术平台的"硬设施"和作为数据平台的"软设施"两类。"硬设施"包括支撑各个学科研究的各类大型装置，如可控核聚变设施、种质资源库、加速器、同步辐射光源等，其为科学技术研究在微观化、宏观化、复杂化方面不断深入提供极限研究手段。"软设施"则是支撑海量科研数据存储、交换、分析、计算的数据资源与计算平台，包括网络、系统架构、支撑平台建设与应用软件和算法工具，以及相关的存储器、数据库等，其有力支撑数据密集型科学研究生态系统。"硬设施"和"软设施"一起，全面支撑了能源科学、生命科学、地球系统与环境科学、材料科学、空间与天文学、粒子物理与核物理、工程科学技术等多个学科的基础研究、应用研究和技术研发全创新价值链的各个环节。总的来说，创新基础设施较信息基础设施和融合基础设施更处于创新链的前端，高效布局创新基础设施，对于提升新型基础设施的供给质量和效率具有重要意义。

从发展的角度看，新型基础设施具有较强的成长性。随着技术革命和产业变革的发展，围绕着数据的生成、处理和流通的整个流程，会不断地形成新的基础设施形态。

（三）构建新型基础设施的战略意义

新型基础设施发展将带来经济结构的变化。相对于传统基础设施的独立运行来说，新型基础设施是基于多技术融合的"核聚变"所带来的价值体系，因此，新型基础设施对社会经济具有巨大的赋能作用，将带来经济社会的结构改变，并成为经济与社会转型升级的重要基础设施。新型基础设施更兼具科技与基建双重属性，新型基础设施聚集大量科技创新，不断涌现新产业，成为经济发展的新动能。因此，新型基础设施既是基础设施，又是新兴产业，一头连着巨大的投融资需求，另一头牵着基于技术创新带动的不断升级的强大消费市场，不仅能够带动全社会投资规模扩大，更能培育新产业、新动能，开创新应用、刺激新消费。

党中央、国务院重视新型基础设施建设，作出系列决策部署。2018年12月，中央经济工作会议提出加快5G商用步伐，加强人工智能、工业互联网、物联网等新型基础设施建设。2019年6月，中共中央政治局会议提出，加快推进信息网络等新型基础设施建设。2020 年 5 月 22 日，时任国务院总理李克强代表国务院向十三届全国人大三次会议作的 2020 年国务院政府工作报告提出，重点支持既促消费惠民生又调结构增后劲的"两新一重"建设，其中"两新一重"中的第一个"新"，就是新型基础设施建设，它首次被纳入政府工作报告，意味着新型基础设施建设进入了加速期。中央财经委员会第十一次会议提出，要加强信息、科技、物流等产业升级基础设施建设，布局建设新一代超算、云计算、人工智能平台、宽带基础网络等设施，推进重大科技基础设施布局建设。

二、全球新型基础设施发展态势

（一）全球信息基础设施正在加速演进升级

新冠疫情在带来巨大灾难的同时，也促进了全球数字经济的高速发展。整个社会的数字化、网络化和智能化进程正在加速，人类社会逐渐进入万物感知、万物互联和万物智能的新时代，给信息基础设施发展带来巨大机遇，并对信息基础设施的能力提出了新的更高要求。

全球主要国家网络设施能力快速部署升级。网络基础设施向高速、泛在、空天一体演进是全球未来发展主流。移动通信方面，全球加速从 4G 向 5G 网络的演进升级。据 VIAVI Solutions（VIAVI）发布的《5G 部署现状》报告称，截至 2022 年 1 月底，全球共有 72 个国家部署了 5G 网络，美国和中国拥有最多的 5G 覆盖城市。当前所部署的多数 5G 网络为非独立组网（NSA）网络，目前全球只有 24 个 5G 独立组网（SA）

网络。固定宽带方面，千兆光纤升级是发展重点，全球已有 57 个国家的 234 家运营商发布了千兆带宽服务。骨干网络方面，超高速大容量光网络向 200G/400G 传输演进。卫星互联网方面，低轨卫星互联网进入商用部署阶段，美国 SpaceX 公司[1]引发全球新一轮角逐竞争，其入轨卫星快速增至 1737 颗，英国政府和印度电信运营商 Bharti Global[2]各持股 45% 的 OneWeb 公司[3]也已达 218 颗。物联网方面，全球部署 / 商用的 LTE-M 网络[4]已经达到 51 个，超过 100 个国家部署 / 商业化推出了 NB-IoT 网络[5]。截至 2020 年底，全球物联网设备连接数量高达 126 亿个。

算力设施成为新型基础设施建设的新重点。在新一代信息通信技术融合发展和行业数字化转型加速的大背景下，全球数据量正在迎来新一轮爆发式增长，导致需求呈现指数级增长，不断提升对算力资源的需求。同时，很多智能应用都需要在线实时提供，如智慧制造场景中对传感器、射频扫

---

[1]　美国太空探索技术公司（SpaceX），是一家由 PayPal 早期投资人埃隆·马斯克（Elon Musk）于 2002 年 6 月建立的美国太空运输公司。

[2]　印度移动网络运营商 Bharti Global。

[3]　总部位于英国的通信公司。

[4]　LTE-M 是由工业协会 GSMA 和 3GPP 标准组织提供的无线系统。LTE-M 的一个主要优势是可以实现全球连接，而且 LTE-M 是唯一适合长时间跟踪移动对象的系统。这项技术可以提高室内外的覆盖范围，支持大量低吞吐设备、低延时灵敏度、超低设备成本、低设备功耗的网络结构。

[5]　NB-IoT 构建于蜂窝网络，只消耗大约 180kHz 的带宽，可直接部署于 GSM 网络、UMTS 网络或 LTE 网络，以降低部署成本、实现平滑升级，成为万物互联网络的一个重要分支。

码识别器、AR①/VR②设备等联网设备采集到的数据实时处理反馈等，这对算力的泛在供给和及时提供提出更高要求。为此，以数据中心、超算、云计算、边缘计算、人工智能计算中心等设施构成的多层次计算设施体系正在不断演化形成，不同层级、不同体系的算力融合协同将成为新型基础设施发展的一大趋势，持续推动云网融合、云边融合和算网融合等发展。

人工智能、区块链等新信息技术基础设施正在加快成长。随着数字化、网络化和智能化的不断推进，人们将在数字世界构建越来越复杂的经济和社会系统，这要求信息基础设施向人们提供更多用户界面友好、使用成本低廉、性能优越可靠、获取及时方便的通用信息技术工具。除了基础的网络基础设施、算力基础设施外，新型信息基础设施正在通过新技术，探索发展更多基础设施形态。例如，欧盟探索区块链基础设施化建设模式，美国、英国等宣布探索量子互联网和数字孪生体等新型基础设施。围绕数据采集到价值挖掘应用的全生命周期，新型信息基础设施体系不断发展完善。

（二）重要领域的融合基础设施正在构建

融合基础设施是国家科技创新、产业发展的重要战略方向已经成为

---

① 增强现实（Augmented Reality，缩写为 AR）技术，是一种将虚拟信息与真实世界巧妙融合的技术，广泛运用了多媒体、三维建模、实时跟踪及注册、智能交互、传感等多种技术手段，将计算机生成的文字、图像、三维模型、音乐、视频等虚拟信息模拟仿真后，应用到真实世界中，两种信息互为补充，从而实现对真实世界的"增强"。

② 虚拟现实技术（Virtual Reality，缩写为 VR），又称虚拟实境或灵境技术，是 20 世纪发展起来的一项全新的实用技术。

主要国家和地区的共识。

5G 专网正在全球相关领域开始推进。从全球发展情况来看，德国、英国、日本、美国、韩国、瑞典、法国、芬兰、马来西亚等国家已经分配了 5G 专网频率，其中德国已经发放了近百张 5G 专网牌照，分别部署在制造、航空、医疗和农业等行业。

德国工业 4.0[①]推动大企业转型升级。工业 4.0 最早出现在德国，在 2013 年的汉诺威工业博览会上被正式推出，其核心目的是为了提高德国工业的竞争力，在新一轮工业革命中占领先机。随后由德国政府列入《德国 2020 高技术战略》所提出的十大未来项目之一，建立具有适应性、资源效率及基因工程学的智慧工厂，在商业流程及价值流程中整合客户及商业伙伴。作为工业 4.0 典范的西门子公司安贝格电子制造工厂，自从升级为 4.0 后，能做到每一秒生产一个产品，合格率高达 99.9985%，有序管理着 30 亿件元器件，从管理这些零件到生产出商品，只需要约 1200 人，确保 24 小时内交货，产能提升了 8 倍。

发达国家智能交通基础设施加速构建。美国发展最早。美国已经形成了出行和运输管理系统、公共交通运输管理系统、电子收费系统、商业车辆运营系统、应急管理系统、车辆安全系统、信息管理系统、养护和施工管理系统等八大研发领域和研究内容。2020 年，美国交通部制定了《智能交通系统（ITS）战略规划 2020—2025》，提出了美国未来五年智能交通发展的重点任务和保障措施。日本智能交通系统基本覆盖交通主干道。

---

① 德国所谓的工业 4.0 是指利用物联信息系统（Cyber—Physical System，简称 CPS）将生产中的供应、制造、销售信息数据化和智慧化，最后达到快速、有效、个人化的产品供应。

目前，日本的主干道已基本覆盖了智能交通的自动收费、车路协同和导航功能，未来的任务是继续深化其功能研发和普及应用，加强各功能子系统集成，拓展新一代智能交通车载设备的服务，通过智能交通建设进一步减少事故、解决拥堵、提高效率，实现低碳化交通的目标。欧盟智能交通系统重视服务需求。欧盟智能交通的主要内容包括智慧出行、生态出行和安全出行，利用多项通信技术，让汽车之间、汽车与道路设施之间能够沟通，使道路使用者和交通管理人员能共享信息并有效协调。欧洲十分重视使用者的服务需求，在欧盟的框架下建立一致性的道路基础设施和相关的信息服务，如即时交通路况、即时路径规划、即时地图更新等。未来，随着自动驾驶、物联网、人工智能、虚拟现实等新兴技术的快速发展以及用户需求的变化，全球智能交通系统也将在前沿技术的发展中不断演进。

（三）多国加大投入重大科技基础设施建设

欧美重大科技基础设施建设运行数量增长迅速。一是美国长期规划与年度规划并行，依托重大设施保持科技创新领先地位。美国重大设施的主要管理部门是美国能源部（DOE），但美国国家科学基金会（NSF），粒子物理、核物理和天文学等学科委员会也会对设施的发展提出建议。DOE重大设施管理采用长期规划的方式，规划覆盖时段为20年，并根据重大设施规划建设的优先顺序进行资源配置。DOE管理的重大设施以粒子物理和核物理、材料科学研究设施为主。NSF重大设施的规划方式相对灵活，以年度规划为主，并且会针对学科的重大进展调整设施的建设目标；NSF管理的设施主要集中在空间和天文科学、地球系统与环境科学，美国目前在建的重大设施主要集中在粒子物理和核物理以及空间和天文学方面。二是德国构建长期"研究伙伴"关系，重大设施带动产业技术升级。德国由其联邦教育与研究部负责对重大设施进行长期投资。亥姆霍兹联合会负责管理重大设施，弗劳恩霍夫协会、马普学会、莱布尼兹联合会及综合性大学等重要研究机构则作为重大设施的用户与亥姆霍兹联合会形成了长期"研究伙伴"关系。德国重大设施布局的特点是重视产业技术研发和示范平台建设，支撑产业发展。法国优先布局生命健康和环境方向，新增数字基础设施类别。三是欧盟 ESFRI[①]统筹规划发展科技基础设施。欧盟为了建设世界级的欧洲数据基础设施（EDI），于 2018 年投入 9890 万欧元启动相关工作，通过该重大设施为欧洲"科学云"提供高质量的数据产品和服务。此外，欧盟还提出协调并集成科技基础设施和信息化基础设施的整合愿景。

三、我国加快新型基础设施部署建设

（一）我国信息基础设施发展与主要发达国家同步

从全球范围看，新型信息基础设施建设路径正在探索之中，我国经过多年发展，已形成感知、网络、算力、新技术等信息基础设施全面发展的格局，建设规模和发展水平位于全球前列。

从感知设施看，我国已建成全球最大的窄带物联网（NB-IoT）网络，部署百万规模的 NB-IoT 基站，基本实现县城以上连续覆盖，移动物联网连接数达到 11.36 亿，为智慧水表、智慧气表、智慧消防、智慧电动自

---

① 欧洲研究基础设施战略论坛（The European Strategy Forum on Research Infrastructures，简称 ESFRI）。

行车、智能井盖、智慧路灯等各类应用发展奠定了良好的网络基础。

从网络设施看，我国移动通信网络和光纤网络全球规模最大、覆盖广泛、技术领先。据国家互联网信息办公室发布的《数字中国发展报告（2022年）》显示，截至2022年底，我国开通5G基站231.2万个，5G用户达5.61亿户，全球占比超60%。目前，5G网络已覆盖全国所有地级市和县城城区，宽带接入光纤化改造基本完成。千兆光网具备覆盖超过5亿户家庭能力。移动物联网终端用户达18.45亿户，成为全球主要经济体中首个实现"物超人"的国家。

从空间设施看，自2020年7月31日北斗三号全球系统建成并开通服务以来，全球范围定位精度优于10米，已经进入了持续稳定运行、规模应用发展的新阶段，并对经济社会发展的辐射带动作用显著增强，应用深度广度持续拓展。中星16号高通量卫星、天通一号移动通信卫星等都进入商业运营，中低轨卫星星座进入实验星验证阶段。

从算力设施看，其市场化程度最高，发展取得积极成效。互联网数据中心规模持续快速增长，并向规模化、大型化发展。伴随着5G、人工智能等新技术的快速发展，我国数据资源存储、计算和应用需求的不断提升带动着数据中心规模的高速增长。据国新办举行的2022年工业和信息化发展情况新闻发布会指出，截至2022年，全国在用数据中心机架总规模超过650万标准机架，算力总规模近5年年均增速超过25%。2021年IDC[①]市场收入达到1500亿元，过去3年年均增速30.7%。而我国云

---

① 互联网数据中心（Internet Data Center，简称IDC），是指一种拥有完善的设备（包括高速互联网接入带宽、高性能局域网络、安全可靠的机房环境等）、专业化的管理、完善的应用的服务平台。

计算市场规模 2021 年为 3030 亿元，增速 45%，远高于全球 29.5% 的平均增速。超级计算能力位于国际前列，一批专用于人工智能的高性能开放算力平台、智能计算中心等设施正在逐步形成。

从新技术基础设施看，人工智能、区块链等基础设施开始探索部署。2021 年 9 月，中央网信办、中央宣传部等 17 个部门和单位组织开展国家区块链创新应用试点工作，在"区块链 + 制造""区块链 + 能源""区块链 + 政务服务"和"区块链 + 政务数据共享"等 16 个行业开展试点，通过应用示范推广，初步架构行业应用的基础设施。人工智能逐渐形成开发平台，通用 AI①能力平台和行业专用 AI 能力平台等基础设施新形态不断涌现。骨干企业开发的深度学习平台已开源运营，智能语音、计算机视觉、自然语言处理等通用 AI 能力平台逐渐成形，辅助诊疗、自动驾驶、城市大脑等行业专用 AI 能力平台在快速推广。

（二）我国全面布局社会经济融合基础设施

在工业领域，我国工业互联网基础设施快速构建。我国工业互联网产业规模已超过万亿元大关，在研发设计、生产制造、运营管理等各个环节广泛应用。以国家顶级节点为中心的工业互联网标识解析体系初具规模，国家级、行业级、企业级多层次的工业互联网平台体系初步构建，具

---

① 人工智能（Artificial Intelligence），是一个以计算机科学（Computer Science）为基础，由计算机、心理学、哲学等多学科交叉融合的交叉学科、新兴学科，研究、开发用于模拟、延伸和扩展人的智能的理论、方法、技术及应用系统的一门新的技术科学，企图了解智能的实质，并生产出一种新的能以人类智能相似的方式做出反应的智能机器，该领域的研究包括机器人、语言识别、图像识别、自然语言处理和专家系统等。

有一定影响力的工业互联网平台超 150 家，连接工业设备超过 7800 万台（套），服务工业企业超过 160 万家。国家、省、企业三级协同联动的技术监测服务体系基本建成，国家级工业互联网安全态势感知平台对接 31 个省级平台，工业互联网企业网络安全分类分级管理试点工作深入推进。

在交通领域，根据中国智能交通协会公布的数据显示，2011—2020 年，我国智能交通市场总规模由 420 亿元增至 1658 亿元，年化增长率近 20%。发展呈现三大特点：一是借助超大规模市场优势，通过通信、汽车、交通等技术的充分融合集成，推动智能交通技术与应用的创新，大幅提升了整个产业的竞争力；二是随着智能交通的技术日新月异、产品层出不穷，开放融合的汽车、通信、公安、交通等产业创新生态已基本构建；三是车路协同、产业协同，智能交通与智慧城市体系建设协调的基础设施正在构建。面向"十四五"，智能交通将成为数字经济率先形成规模效应的先导领域，到 2035 年，基本建成便捷顺畅、经济高效、绿色集约、智能先进、安全可靠的现代化高质量国家综合立体交通网，交通基础设施质量、智能化与绿色化水平居世界前列。

（三）我国创新基础设施正在加速构建

当前，区域性创新基础设施正在构建。近年来，以北京、上海和粤港澳大湾区科创中心、综合性国家科学中心建设为契机，国内已涌现出一批科技创新要素集聚、创新链条上下游贯通、有力支撑重大产出的创新基础设施，成为我国国家创新体系的重要力量。但是，我们仍然存在创新能力不强、受制于人、支撑能力弱和创新生态不完善的问题。结构性创新基础设施正在布局，重大科技基础设施、科教基础设施、产业技术创新基础设施在加速部署。

四、新型基础设施发展面临的挑战仍然突出

尽管我国新型基础设施发展迅速，但仍然面临一些亟待解决的问题。

（一）部分信息基础设施尚未形成融合协同的发展格局

一是部分信息基础设施部署存在碎片化、烟囱型问题，难以形成规模效应。算力和区块链基础设施存在各自为政、重复建设、盲目建设的现象，融合协同尚需积极推进。二是信息基础设施的行业应用还有待培育。面向全新的产业互联网市场，5G、光纤宽带、人工智能等信息基础设施的能力亟待提升，应用配套成本亟待降低，商业模式需要持续探索。三是信息基础设施面临对供应链安全隐患和网络安全新挑战，如何释放数据要素价值和发挥新型基础设施的倍增效应等问题亟待解决。

（二）融合基础设施发展处于尚需长期推动构建

一是融合基础设施发展处于启动阶段。网络化是融合基础设施的重点发展方面，需要利用好现代信息技术网络化、互联化的特点，将各行业、各领域的基础设施高效、安全地连接在一起，促进数据要素有效流动，带动其他生产要素的高效互联，推动整个基础设施体系的高质量发展。但是，目前社会经济数字化转型处于发展初期，数字化、网联化的水平虽然发展很快，但存在结构性、区域性和行业性的差距，还需要经过5—10年逐步推进。

二是融合基础设施的互联互通还需分领域推进。在工业领域，要建设高可靠、广覆盖、大带宽、可定制的工业互联网网络，促进各类工业

设施的有效互联，实现对工业企业的提质、降本、减排、增效；在能源领域，要构建多能协同的能源网络，构建坚强的能源互联网，带动能源行业整体创新能力建设；在环保领域，要加强对生态环境的整体监控和处置效率，为环保问题处置提供数据保障。

三是融合基础设施的智能化水平亟待提升。智能化是当前信息技术的主要发展方向，融合基础设施的关键是通过构建智能计算能力、部署智能计算方法，实现对基础设施数据信息的感知汇聚和智能计算，通过汇聚信息、固化知识、构筑能力，大幅提升基础设施工作效率。目前，我国行业智能化水平较低，需要新型基础设施将通过部署泛在的感知设备收集监测基础设施的各项运行状态数据汇集成为各类智能算法模型，进而开展各项辅助决策、自动运行、预测预警等智能化工作，推动各类基础设施的智能升级。

（三）创新基础设施发展面临多方面挑战

一是需要超前布局科学研究设施，以应对原始创新能力还不强的问题。当前科学技术前沿向着极宏观、极微观、极复杂方向发展，需要重大科技基础设施、科教基础设施等前沿科学技术手段提供支撑。为满足前沿研究，需要推进国家实验室、综合性国家科学中心等战略科技力量集群化、协同联动式发展，系统提升科学研究基础设施的运行能力。

二是需要优化技术开发设施和试验验证设施，以应对核心技术受制于人的问题。从追赶到自主创新转型过程中，我国受到先发国家技术来源遏制。由于自主开发产业共性技术的外溢性显著、基础研究与产业应用存在巨大鸿沟，需要发挥政府作用，主动链接前沿研究和产业发展的关键环节，建设一批支持产业共性基础技术开发的新型共性技术平台、中试验证平台、计量检测平台。在建设方式上，需要整合国家、区域、行业资源，形成多元化、多主体投入机制，共同构建梯次衔接的产业技术开发设施体系。

三是需要统筹发展一批科技资源条件平台，以应对科技资源支撑能力不强的问题。随着云计算、大数据、人工智能等新技术不断创新，科学技术研究将持续向精细化、智能化方向演进，基于"数据密集型"的研究正在成为科学技术研究的典型特征，需要布局科学大数据存储处理能力。比如，面对科技学术论文基础数据外流的严峻现实，带来国家战略和科技安全存在隐患等问题，需要打造安全可靠的国家科技文献基础设施；面对我国生物多样性遭受严重威胁等问题，需要加强基础性、战略性自然科技资源和人类遗传资源的保藏能力。

四是推动建设创新创业服务设施，以应对创新生态进一步完善的问题。创新需要完整的生态系统来支撑，最重要的任务是促进激发主体各要素之间的互动、协同与演进。因此，需要构建完善众创空间、技术转移中心、科技企业孵化器、知识产权运营服务平台等的专业化创新创业服务设施，使创新创业者可便捷地找信息、找资源、找资金、找设备、找服务，着力营造充满生机活力的创新创业创造氛围。

（四）新型基础设施建设需要整体性布局

由于新型基础设施的建设和服务的本地化属性，地方政府成为规划的主体和投资建设的重要参与者，纷纷投入新型基础设施建设，以加快经济社会转型发展。从省级层面来看，赛迪研究院发布的《2020 中国城市新基建布局与发展白皮书》显示，全国排名前三的安徽省、广东省、江苏省的新型基础设施项目数分别达到了 280、165 和 109 项；重庆市围绕 2020 年到 2022 年新型基础设施建设，提出了按照"成熟一批、开工一批、储备一批"原则，重点推进 7 大板块、21 个专项、375 个项目，总投资 3983 亿元。城市级层面来看，合肥市提出 2020 年到 2022 年，实施不低于 200 个新基建重点项目，总投资不低于 2000 亿元；围绕 5G、数据中心、人工智能、工业互联网及物联网等新型基础设施，提出重点项目 394 个，总投资达到 10011.80 亿元。相较于传统基础设施，新型基础设施具有技术含量高、应用赋能强、折旧速度快等特点。如果地方政府为了追求短期经济发展和跟随新基建建设潮流，在新型基础设施相关项目规划上盲目冲动，贪大求全，过于图新图洋图前沿，偏离地方需求和发展实际，则有可能造成地方债务危机，挤压其他领域投资，最终社会经济效益远远小于投入。

（五）新型基础设施安全成为建设运行的关键问题

首先，新型基础设施作为信息通信技术发展融合的基础和载体存在安全保障方面的不足。一方面，包括 5G、云计算、大数据、人工智能等在内的新型基础设施建设的重点技术目前都存在其自身安全方面的脆弱性。如在 5G 领域，虚拟化技术、网络切片技术、网络能力开放、异构网络接入和边缘计算场景的引入本身就会带来复杂的安全问题并增加引入恶意攻击的风险；而云计算、大数据和人工智能的应用中也不可避免会给数据安全和个人隐私保护造成一定的安全风险。另一方面，新兴技术与传统基建的结合所带来的复杂融合应用场景也增加了安全攻击的暴露面。其次，数字化带来网络安全脆弱性。新型基础设施发展在促进社会经济数字化转型的过程中，也将数字空间的网络安全威胁带向了传统行业，使更多的传统设施面对前所未有的新型网络攻击风险。随着网络安全漏洞和后门的数量与日俱增、涵盖场景日益广泛，零日漏洞的增长速度极快，已基本包括主要信息基础设施生产厂商，大大增加在新型基础设施建设中的安全威胁。通过对近来发生的网络重大安全事件的分析也可看出，针对信息基础设施的攻击大部分都是与其自身的漏洞有关。最后，传统安全边界存在缺失。随着数据交互维度和范围的增加，业务提供的个性化和复杂性提升。网络的动态化发展，以及5G、大数据、人工智能等新兴技术的进一步融合，使原有的安全边界不再适合目前的发展情景，需要重建多层次、多维度、多领域的新型安全边界。

五、加快建设面向未来的新型基础设施的若干建议

（一）充分发挥体制优势，形成全国发展一盘棋

新型基础设施的发展涉及多个领域、多种设施、多方主体，单纯依靠市场力量难以消除基础设施发展中的盲目性，容易形成供给过热、低水平重复建设。一是要加强顶层设计，统筹集约开展新型基础设施建设。坚持全局化、系统化、市场化、企业化思维，开展科学规划、统筹布局，以"软硬兼施""虚实共管"思路，推进大网络、大数据、大平台、大服务、大产业发展。二是要健全宏观管理部门和各行业主管部门共同参与的协调机制，强化各领域新型基础设施之间的技术融合、互联互通和智能交互，促进数字资源的开放共享和整合利用。强化区域协同、全国布局，优化空间布局和供给结构，提升基础设施的整体发展效能。三是要突出需求牵引，坚持需求导向、问题导向和目标导向，从解决经济社会发展的最迫切问题入手，以政府、企业和公众需求为驱动，以应用成效

为核心，以业务目标为指引，科学开展项目需求分析与测算。四是要避免盲目建设、重复建设和铺张浪费，立足经济、适用、先进、高效，走低成本、高效益的新型基础设施发展道路，向广大人民群众提供用得上、用得起、用得好的新型基础设施与服务。五是要注重特色挖掘，打造因地制宜新型基础设施工程。我国幅员辽阔，各地资源禀赋和发展水平差异明显，对于新型基础设施建设的需求和紧迫程度不一，应结合自身产业发展基础、产业支撑能力、区域承接能力和创新发展能力等有序开展新型基础设施建设。北京、上海、广州、深圳等产业、技术、资本的首要聚集地应注重高新技术赋能和应用场景创新，推动人工智能、工业互联网、区块链等技术深度应用，在新一轮科技基础设施建设中引领发展，打造新型基础设施建设和应用的样板。中西部特别是欠发达地区应在补齐传统基础设施短板的基础上，聚焦民生领域和产业发展需求，加快5G、物联网等通信网络基础设施建设，推广远程教育、远程医疗、远程会议等应用，缩小与发达地区的公共服务供给水平差距。

（二）加快建设运营，充分发挥信息基础设施赋能作用

一是发展泛在协同的感知设施。面向"十四五"，要创新感知设施的部署模式，统筹推进物联网综合管理和应用体系建设，探索建立感知设施的统一标识体系、统一数据格式，充分利用供电、网络和空间点位等资源进行集约化部署，推进技术性开发平台和行业性管理平台建设，通过应用管理平台对外提供感知数据服务，提升感知设施的综合利用水平，强化物联网设施跨行业、跨领域共享。二是持续升级网络设施能力。面向2C和2B精准优化布局，建成覆盖广泛、技术先进、品质优良的5G网络。加强5G行业专网模式创新，推动5G虚拟专网建设落地。在接入

网层面，加快城市地区千兆宽带接入能力供给。鼓励高速宽带应用创新，组织开展千兆宽带应用示范。三是有效提升算力设施效能。布局"东数西算"形成全国数据中心一体化格局，在八大区域部署国家枢纽节点，重点推动数据中心与网络、云、算力、数据要素、数据应用和安全等协同发展，大力推进数网融合、算网融合和云边协同发展，持续推动算力设施向绿色化、智能化、大型化、高密度方向发展。四是积极培育新技术设施。合理布局人工智能计算中心，大力发展更高性能、更低成本的计算能力，推动不同框架、通用平台之间的互联互通。以国家区块链创新应用试点为契机，培育具有竞争优势的核心技术能力和产业生态。探索构建跨链平台，促进产业链全链条的衔接和区域协同发展。加强量子通信、量子计算、新型网络基础架构研究，适时开展试验网络建设和应用探索，超前布局培育新型基础设施形态。

（三）聚焦经济社会转型，全面构建融合基础设施

一是重点支持一批融合基础设施。融合基础设施涉及工业互联网、智慧交通物流设施、智慧能源设施、智慧农业农村设施等，每类设施充分考虑行业属性、所处阶段和融合水平的差异性，重点支持支撑范围广、赋能能力强、带动效应好的设施发展，如工业互联网平台、车联网、智慧物流、能源互联网等。二是重视公共服务基础设施建设。建设基于新一代信息技术的新型社会性设施，有利于增加公共服务供给、丰富公共服务内容、提升公共服务水平。三是建设人民群众生活需要的基础设施。要全面覆盖与广大人民群众日常生活密切相关的重要领域，积极发展智慧医院基础设施、智慧养老基础设施、智慧教育基础设施等，提升公共服务的供给数量和质量，促进公共服务的均等化、公平化。四是建立智

慧城市的基础设施。发展智慧环境设施和新型城市管理设施则有助于创新公共治理模式，形成科学精细智能的治理能力。

（四）面向科技自立自强，积极培育创新基础设施

面向世界科技前沿，聚焦新一轮科技革命重点方向，建设一批重大科技基础设施，助力提升原始创新能力和支撑重大科技突破。面向重大战略需求，聚焦解决重大科技问题，建设一批科教基础设施，构建先进的研究平台体系。面向经济主战场，整合现有优质资源，建设一批新型共性技术平台和中试验证平台，完善高水平试验验证设施，支撑产业技术升级和企业创新发展。同时，为激发社会创新活力，推动建设一批低成本、开放式、专业化的创新创业服务设施，为中小企业创新发展提供便利条件。

（五）构建发展环境，健全新型基础设施投融资体系

营造良好市场环境，充分激发市场和民间的投资活力。新型基础设施技术创新性强，发展模式和商业模式多处于探索期，投资回报存在明显的不确定性，高科技企业是新型基础设施发展的最重要力量。为充分激发市场和民间的投资活力，要营造良好市场环境，通过深化体制机制改革、降低市场准入门槛、明确监管规则等措施，充分利用市场手段、发挥市场力量，拓宽资金来源、创新投融资方式，有效调动社会资本参与积极性，吸引更多社会企业参与新型基础设施的建设和应用发展。

发挥政府资金对投资的引导带动作用。新型基础设施建设要发挥政府资金对投资的引导带动作用，形成政府引导、企业主导、市场运作的新型基础设施投融资模式。一是创新政府资金投入模式。用好中央预算

内投资、中央专项建设资金和地方政府专项债券资金，发挥政府资金"四两拨千斤"的引导作用，通过产业引导基金、担保基金、信托基金、社会资本合作（PPP）[①]等方式不断吸引市场资本参与新型基础设施建设。将云计算、大数据、人工智能等新型基础设施产品和服务列入政府采购目录。通过税收优惠、财政补贴等方式支持新型基础设施建设项目。二是创新金融信贷投入模式。针对新型基础设施相关科技项目前期投入大、研发周期长等特点，支持商业性金融机构开展股权基金投资、投贷联动产品、"软贷款＋期权"等新模式。建立新型基础设施建设优惠利率信贷专项，加大新型基础设施建设中长期贷款投放力度。三是创新投融资产品与服务模式。针对新型基础设施建设涉及产业链长的特点，鼓励发挥龙头企业对上下游的辐射带动作用，延伸新型基础设施建设的金融服务链条。鼓励符合条件的新型基础设施项目积极参与基础设施领域不动产投资信托基金（REITs）试点，盘活存量资产形成投资良性循环。

（六）统筹发展和安全，确保新型基础设施的安全可靠

统筹发展和安全，系统谋划、整体协同，精准补短板、强弱项，优化基础设施布局、结构、功能和发展模式。要立足长远，布局有利于引领产业发展和维护国家安全的基础设施。加强安全保障制度建设，建立安全评估评测机制、可靠性保障机制，完善安全保障责任制度等措施，把安全发展贯穿于新型基础设施建设全过程，防范和化解潜在风险，确保基础设施安全稳定运行。

---

① Public–Private Partnership，又称 PPP 模式，即政府和社会资本合作，是公共基础设施中的一种项目运作模式。

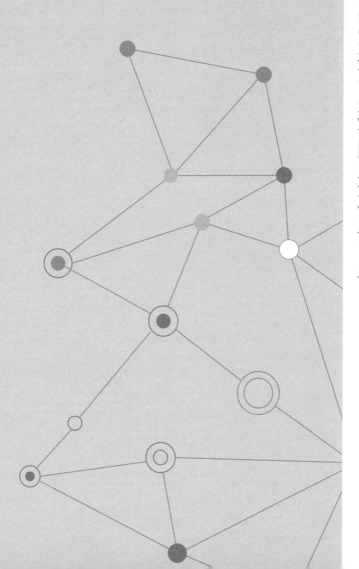

第四章 构建数据支撑的基础制度

数据基础制度建设事关国家发展和安全大局，要维护国家数据安全，保护个人信息和商业秘密，促进数据高效流通使用、赋能实体经济，统筹推进数据产权、流通交易、收益分配、安全治理，加快构建数据基础制度体系。2022年12月19日，《中共中央　国务院关于构建数据基础制度更好发挥数据要素作用的意见》（以下简称"数据二十条"）对外发布。2023年3月7日，十四届全国人大一次会议举行第二次全体会议，根据国务院关于提请审议国务院机构改革方案的议案，组建国家数据局。

数据是数字时代最重要的生产要素，既是内含生产关系的生产力，也是内含生产力的生产关系。当前，在全球经济运转中，数据的价值不断凸显，全球主要国家围绕数据资源的抢夺以及对数字经济制高点的竞争正日趋激烈。依托数字技术的迅猛发展，数据要素与其他生产要素之间的深度融合已大势所趋，数据要素与其他要素的协同促进已不断培育出新模式、新产业、新市场和新生态。以数据作为新型生产要素的数字经济，正在成为驱动我国经济增长的又一引擎，将与实体经济一道，逐渐成为落实国家统一大市场建设重大战略和构建国内国际"双循环"发展格局的核心力量。

一、数据是数字时代发展的核心引擎

（一）数据基础制度护航数字经济发展新变革

在数据领域立法及制度建设层面，经过多年探索，我国数据市场实行动态化管理，与时俱进地紧跟中国数字经济时代变迁步伐。

2015年9月，《国务院关于印发促进大数据发展行动纲要的通知》正式发布。10月29日，党的十八届五中全会首次提出"国家大数据战略"，大数据战略上升为国家战略。

我们既要不断做大蛋糕，又要分好蛋糕。要鼓励勤劳致富，健全劳动、资本、土地、知识、技术、管理和数据等生产要素按贡献参与分配的机制，健全再分配调节机制，重视发挥第三次分配作用，发展慈善等社会公益事业，扩大中等收入群体，规范收入分配秩序，形成橄榄形的收入分配结构。党的十九届四中全会首次将数据列为与土地、劳动力、技术、资本等相并列的生产要素，对数据要素的作用予以高度肯定，数据被赋予了新的社会使命。

2020 年 4 月，中共中央、国务院发布《关于构建更加完善的要素市场化配置体制机制的意见》，首次提出"加快培育数据要素市场"。2021 年 1 月 31 日，中共中央办公厅、国务院办公厅印发《建设高标准市场体系行动方案》，再次强调了"加快培育发展数据要素市场"。该方案提出制定出台新一批数据共享责任清单，加强地区间、部门间数据共享交换；研究制定加快培育数据要素市场的意见，建立数据资源产权、交易流通、跨境传输和安全等基础制度和标准规范，推动数据资源开发利用；积极参与数字领域国际规则和标准制定。

2021 年 9 月，习近平总书记在中国国际服务贸易交易会全球服务贸易峰会致辞中宣布，支持北京等地开展国际高水平自由贸易协定规则对接先行先试，打造数字贸易示范区。

2022 年 1 月，国务院印发了《"十四五"数字经济发展规划》，进一步提到从强化高质量数据要素供给、加快数据要素市场化流通、创新数据要素开发利用机制等方面发挥数据要素作用，推动建立数据要素市场体系。坚持扩大内需战略基点，充分发挥数据作为新生产要素的关键作用，以数据资源开发利用、共享流通、全生命周期治理和安全保障为重点，建立完善数据要素资源体系，激发数据要素价值，提升数据要素赋能作用，以创新驱动、高质量供给引领和创造新需求，形成强大国内市场，推动构建新发展格局，为数字经济发展指明方向。

2022 年 3 月 5 日，时任国务院总理李克强在政府工作报告中提到"创新发展服务贸易、数字贸易，推进实施跨境服务贸易负面清单"，数字经济、数字贸易等新产业新业态在我国经济发展中的重要性日益凸显。

2022 年 7 月，中央全面深化改革委员会第二十六次会议审议通过了《关于构建数据基础制度更好发挥数据要素作用的意见》（以下简称《意见》）。《意见》的主要目标是通过构建数据基础制度，让数据要素的获取、加工、流通、利用以及收益分配等行为有法可依、有规可循，推动数据要素市场规范化、制度化建设，最终实现数据要素的市场化配置效率的提升。《意见》的出台正式拉开了我国数据产权制度从宏观政策主张走向具体制度实践的序幕。

（二）数据要素将成为中国制度创新的新进路

数据已经成为数字经济时代的基础性资源、重要生产力和关键生产要素，正在引发新型社会经济形态的变革，带动"数据生产力"的快速发展。为了更好地协调和处理与数据生产力发展相适应的数字化生产关系，有必要率先构建完备的数据基础制度。"数据二十条"系统性布局了数据基础制度体系的"四梁八柱"，历史性绘制了数据要素发展的长远蓝图，具有里程碑式的重要意义。[①]

---

① 参见国家发展和改革委员会：《加快构建中国特色数据基础制度体系 促进全体人民共享数字经济发展红利》，《求是》2023 年第 1 期。

随着数字时代数据规模的爆发式增长，数据成为了一种驱动经济社会发展的新型生产要素，数据要素已成为数字时代的重要议题。数据要素是数据成为用于生产产品和服务的基本投入因素之一。相较于传统土地、劳动力等生产要素的有限性，数据要素具有可共享、可复制、可无限供给等特征，对其他生产要素有着成倍数的杠杆效应，可以有效赋能人才、资金、技术等要素。数据流可以充分牵引人才流、资金流、技术流、信息流，数据链则可以起到有效发挥围绕产业链、整合数据链、联接创新链、激活资金链、培育人才链等功能。"数据二十条"明确了数据作为重要生产要素发展的主要路径，对于加强数据资源整合和安全保护，提高数据质量和规范性，丰富数据产品，推动数据产权结构性分置，促进数据的开发利用，构建多元化的数据交易体系，优化数据要素治理体制机制均具有全局性、战略性作用。"数据二十条"提出了数据基础制度构建的四个方面：数据产权制度、流通和交易制度、收益分配制度、安全治理制度。随着"数据二十条"中四大数据基础制度体系的逐步完善和细化，将极大地激活数据要素价值，推动数据要素与其他要素深度融合，进而促进数据生产力的快速发展。[①]

"数据二十条"中明确了公共数据、企业数据、个人数据三个大的分类。特别是对公共数据开发利用做出了系统部署，并在诸多方面进行了突破，呈现四大改革创新亮点。具体表现为：制度上的破冰为公共数据合理有偿使用"开绿灯"；公益上的强化为公共数据助力共同富裕"增动能"；创新上的留白为公共数据授权开发利用"留空间"；安全上的兜底

---

① 参见王春晖、方兴东：《构建数据产权制度的核心要义》，《南京邮电大学学报（社会科学版）》2023年第1期。

为公共数据安全规范管理"亮红灯"。公共数据开发利用主要包括三个任务方向：政府部门之间的数据共享，包括加强顶层设计、压实责任机制、促进数据回流、畅通供需环节、推动数据融合、加强共享评价等；政府部门向社会的数据开放，包括健全开放体系、完善开放机制、提高开放实效、推进场内开放、控制开放风险、加强开放评价等；公共数据授权运营，包括建立授权机制、明确授权条件、明确主体责任、加强要素供给、合理分配收益、构建开发生态等。

组建国家数据局，负责协调推进数据基础制度建设，加强统筹推进，强化任务落实，创新政策支持，稳步构建以"数据二十条"为纲领的"1+N"制度体系，进一步完善数据产权界定、数据市场体系建设等制度和政策，更好构建完善我国数据基础制度体系，为推进中国式现代化、实现中华民族伟大复兴提供坚实的体系化制度支撑。统筹数据资源整合共享和开发利用，重点是推动数据产权结构性分置，跳出所有权思维定式，聚焦数据在采集、收集、加工使用、交易、应用全过程中各参与方的权利，通过建立数据资源持有权、数据加工使用权、数据产品经营权"三权分置"，强化数据加工使用权，放活数据产品经营权，统筹数据资源整合共享和开发利用，为释放数据要素价值提供制度保障。

（三）数据要素是国家发展的战略性基础性资源

激活数据，重构生产力和生产关系，事关决胜新时代中国特色社会主义伟大胜利，是关系全局的重要战略举措。我国拥有丰富的数据资源和强大的数据处理能力，数据要素带来的经济增长潜力极其巨大。随着数据获取、处理、理解和组织的问题被一一解决，在中国要素收入分配偏向资本情景下，数据要素将逐步重构现有的生产力和生产关系，并释放其蕴含的巨大价值，发挥更大的经济增长效应。升级数据要素使用水平，不仅有助于我国实现线上大数据与线下大市场的优势叠加，还有助于推动我国日渐式微的"人口红利""成本红利"升级为"数据红利""创新红利"，进而在数字经济全球竞争中占得先机。[①]从世界范围来看，未来国际竞争已成为数据要素的竞争。美国"工业互联网"，德国"工业4.0"和日本的"价值链计划"都将数据要素作为战略制高点。

数据价值的充分发挥，是以健全的数据要素市场为前提的。数据要素市场是指将尚未完全由市场配置的数据要素转向由市场配置的过程，最终目的是形成以市场为根本调配的机制，实现数据流动的价值或者数据在流动中产生价值。作为数字经济发展的关键支撑，我国数据要素市场正进入蓬勃发展阶段。

据国家工信安全中心测算数据显示，预计到2025年，数据要素市场规模将突破1749亿元，整体上进入高速发展阶段。通过数据要素的优化配置，由市场供求决定技术定价直接与技术创新者收益挂钩，将促进技术创新动力和技术要素正常交易与产业化；助力数据要素加速技术与产学研深度融合，形成正向循环，充分发挥技术惯性，借力解决以往传统科技中在一定程度上存在的关键技术"卡脖子"问题，促使我国在以后发展中有前进的惯性动力；数据要素"创造"新技术，利用数据要素打造以市场需求为导向的技术研发体系，做到数据与技术比人类自己还要

[①] 参见熊伟、张磊、杨琴:《"十四五"时期数字要素市场构建的实施短板与创新路径》,《新疆社会科学》2022年第1期。

更懂人类。[①]此外，数据人才的培养也不可或缺。数据人才培养应该面向市场需求，企业应针对数据需求，设置长期数据人才培养计划。

总体而言，我国数据要素市场发展仍然还处于起步阶段，数据要素新特征十分复杂，对传统产权、流通等制度规范提出新的挑战，成为制约数据要素价值释放的关键，在全球范围内尚无成熟的解决方案。现阶段，激活数据要素潜能、释放数据要素价值已经成为推动数字经济发展的关键举措，建立健全数据要素市场则是充分发挥数据价值的重要保障。立足于数据要素的特点、加快数据要素市场高质量发展，已经成为社会主义市场经济体制下要素市场化改革的重要组成部分。

"数据二十条"明确提出引导培育大数据交易市场，依法合规开展数据交易。近年来，国内各地陆续成立数据交易所，探索数据流通交易价值和交易模式，大力培育数据要素市场，推动数据商品化、市场化配置和自由流动。自 2014 年起，3 家数据交易机构（中关村数海大数据交易平台、北京大数据交易服务平台和香港大数据交易所）在我国建立。[②]2015 年 4 月，全国第一家以大数据命名的交易所——贵阳大数据交易所正式挂牌运营。截至 2021 年底，各地先后设立了 40 多家数据交易所（或称数据交易中心、数据交易平台），同时，一大批由商业机构所设立的数据流通与服务场所也不断涌现。

---

① 参见白永秀、李嘉雯、王泽润：《数据要素：特征、作用机理与高质量发展》，《电子政务》2022 年第 6 期。

② 参见黄丽华、窦一凡、郭梦珂等：《数据流通市场中数据产品的特性及其交易模式》，《大数据》2022 年第 3 期。

二、数据是发展动力也是危险之源

（一）数据安全是数字时代的基本保障

1. "脸书数据门"事件

2018 年 3 月，剑桥分析公司（Cambridge Analytica）被曝未经许可收集了海量脸书（Facebook）用户信息，通过分析用户的行为模式、性格特征、价值观、成长经历等数据，有针对性地推送信息和竞选广告，以影响 2016 年美国总统大选选民意见。媒体最初估计受影响用户数量超过 5000 万，随后官方宣布大约有 8700 万用户信息受影响。脸书总裁扎克伯格（Mark Elliot Zuckerberg）也因此面临着巨大危机，以数据泄露丑闻为导火索而引发侵犯用户信息隐私，假新闻与极端仇恨言论任意散播，外国势力利用社交平台操纵民意，干涉政治选举等负面新闻使脸书一时间成为众矢之的，遭到来自政府监管部门、媒体、平台用户、业界同行等各方口诛笔伐。

2018 年 4 月 11 日和 12 日，扎克伯格出席了为期两日的国会听证会，就剑桥分析公司数据泄露事件致歉，并分别接受 55 名国会议员的审问，引发全球媒体的高度关注。这次听证会众所瞩目的原因在于社交媒体正凭借用户规模和商业模式获得传统大众媒体无法比拟的传播效果与社会影响力，其产生的负面效应触发了政治民主和数据隐私的敏感神经，背后也映射出政府对技术潜在的巨大政治潜力的担忧与恐惧。听证会开启了社交媒体平台政府审查新时代，从互联网行业长远发展与自由竞争的角度重新审视内容审查与监管尺度，以及数据隐私边界的探讨再次回归公众视野。

该事件标志着超级网络平台时代的正式到来，不仅是迄今社交媒体领域最具全球影响力的事件，甚至是 2013 年斯诺登事件以来影响全球网络治理最重大的事件之一。它将深刻改变全球新媒体规制的取向，并影响全球网络治理的趋势和格局，对于中国网络治理以及参与国际治理有着特别重要的启示。

该事件开启了社交媒体平台政府审查新时代。它使人们从互联网行业长远发展与自由竞争的角度重新审视内容审查与监管尺度，关于数据隐私边界的探讨再次回归公众视野，并让各国政府感到头部社交媒体针对国家意识形态的舆论操控已经对其国家安全带来了重大威胁。由此，各国政府强化了对技术平台的监管与隐私规则的制定，实行网络规则动态化管理，呼吁提升社交平台的责任承担力，加强对个人信息和隐私的保护力度。在这一背景下，加强互联网数据全球治理的共识正在逐步形成，真正体系化、普适性的全球性治理规范正在逐步构建。

该事件是在超级权力和治理能力严重失衡下爆发的危机。如果不对治理机制进行根本性的变革，这种危机将会越来越频繁和严重，不仅冲击国家治理的正常秩序，损害消费者利益和社会公共利益，还会危及正常的国际秩序，反过来也将冲击网络平台的健康发展，损害其追求的商业利益。

2. 超级网络平台正以数据垄断获取超级权力

人们对平台的理解源自 "双边市场"（Two-Sided Markets）的概念。诺贝尔经济学奖得主让·夏尔·罗歇（Jean-Charles Rochet）等人在 2001 年首先提出此概念。[①] 马克·阿姆斯特朗（Mark Armstrong）将双边市场定义为，存在两组需要通过网络型平台实现互动的用户，其中一组用户

---

① 参见 Rochet, J. C., & Tirole, J. Two-sided markets: An overview. IDEI University of Toulouse Working Paper，2004.

加入平台的收益取决于加入该平台的另一组用户的数量。[①]这个"平台"即具有"网络平台"的雏形,其理论应用也从传统的现实平台向互联网的虚拟平台转型。后来有学者研究发现,一些平台的应用群体种类多于两种,因此对应于多边平台,提出了"多边市场"的概念,但双边平台与多边平台的实质是一样的。

超级网络平台是指旗下平台月活跃用户数量达到10亿级,对用户具有高黏性并已成为重要信息基础设施,具有强大动员能力与产业支配地位且仍在持续扩张的网络平台。超级网络平台的诞生是技术发展和社会演变的必然现象,它是互联网技术发展与普及到高级阶段,极大提升人类社会互联程度的必然结果。超级网络平台通过独家垄断海量用户数据,渗透和主导越来越广泛的社会公共基础服务。在缺乏政府有效干预的西方世界,超级网络平台通过有效汇聚海量用户的私权利和社会的公权力,事实上拥有了超越国家行为体的超级权力。这种本质上由资本和技术联姻的,以私营企业身份发展起来的新型非国家行为体,开始突破权力的临界点,超越了一个企业正常的权力和权益范畴,自觉和非自觉地开始影响并主导国家发展和国家治理的各个层面。

3. 数据垄断可能成为美西方遏制中国的武器

从"以网络为中心"到"以数据为中心",从数据"勒索"到数据"遏制",数据不仅作为一种国家关键基础设施、一种战略资产,它本身已经成为一个关键的权力来源。数据垄断问题很可能成为美西方未来攻击我国的最具威力的"武器",其风险和危害将超过贸易战、科技战甚至军事

---

① 参见 Armstrong, M. Competition in two -sided markets. The RAND Journal of Economics, Vol.37, No.3, Autumn2006, pp.668—691.

战，是数字时代真正"不见硝烟的"全新战争。数据垄断核心战略是借助美欧及其同盟在全球网络空间的数据优势，包括底层技术、全球性应用平台和全球网民全息数据，以及数据政策与制度等优势，将我国逐渐排挤甚至排斥出全球数据的正常流通体系。

作为典型的数据遏制事件，2020 年 8 月，时任美国国务卿蓬佩奥宣布发起针对中国的"净网"（Clean Network）计划，发布专门打压 TikTok 和微信海外版（Wechat）的两份行政令，意图在亚太经合组织（APEC）隐私框架下通过的跨境隐私保护规则（Cross-Border Privacy Rules）排挤中国。

近年来，美国通过各项举措进一步强化对华在数据领域的压制计划。2021 年 3 月至 10 月，美国联邦通信委员会（FCC）以国家安全为由，先后撤销中国联通美洲公司、太平洋网络公司及其全资子公司 ComNet 和中国电信美洲公司在美国国际电信运营牌照。2021 年 9 月，美国商务部以"应对全球芯片危机"，提高"供应链透明度"为由，要求包括台积电、三星等 20 多家芯片相关企业"自愿提交"商业机密数据。2021 年 9 月 15 日，美英澳安全和军事联盟架构——"奥库斯"（AUKUS）联盟的成立，是可能对华开展数据围堵战略的起点，并依此构建更大的联盟。此外，拜登政府正致力于打造一个印度——太平洋区域国家的建设性合作。2021 年 10 月底，美国总统拜登在东亚峰会上提出打造"印太经济框架"的倡议。据拜登所述，该框架将"围绕贸易便利化、数字经济和技术标准、供应链弹性、低碳和清洁能源、基础设施、劳工标准以及其他领域进行构建"。

在以数据为中心的网络安全新格局下，无论是国内还是国际，中国都有条件、有实力走出网络安全的被动防御局面，明晰和确立开放式的积极防御战略，并系统性谋划和实施新时代的积极防御战略体系。一方面，以人民为中心，常态化的安全成为网络安全更关键的内涵，新的制度体系建设和能力建设成为安全保障的关键；另一方面，数据跨境流动成为国际地缘政治和国际网络治理的新博弈点。因此，善于洞察国际局势，掌握数据博弈的趋势与规律，以数据互联互通为抓手，合纵连横，成为关键。

4. 数据安全领域立法是维护国家安全的必然要求

数据是国家基础性战略资源，没有数据安全就没有国家安全。我国在数据安全上的顶层设计已逐渐清晰与明确。2021年，我国围绕数字治理制度建设节奏大大加快，在最为基础性的数据领域完成了三大法律制度的构建，包括《中华人民共和国数据安全法》《中华人民共和国个人信息保护法》以及《网络数据安全管理条例（征求意见稿）》。

按照党中央决策部署和贯彻总体国家安全观的要求，全国人大常委会积极推动数据安全立法工作。

经过三次审议，2021年6月10日，十三届全国人大常委会第二十九次会议通过了《中华人民共和国数据安全法》（以下简称《数据安全法》），并于2021年9月1日起正式施行。这是我国第一部有关数据安全的专门法律，也是国家安全领域的一部重要法律，该法确立了以安全促发展的原则，鼓励数据依法合理有效利用，保障数据依法有序自由流动，促进以数据为关键要素的数字经济发展。与此同时，该法确立了一系列国家层面需要逐步建立完善的数据安全管理机制，提出了开展数据处理活动应当承担的数据安全保护责任与义务，明确了违法行为的法律责任。可以预见，在后续有关主管、监管部门不断充实、完善数据安全管理机制并开展监管活动时，《数据安全法》将成为根本遵循。

2021年7月10日，国家互联网信息办公室就《网络安全审查办法（修订草案征求意见稿)》(以下简称《意见稿》)向社会公开征求意见。《意见稿》强化了数据安全审查，将数据处理活动和国外上市行为纳入网络安全审查内容，并明确规定"掌握超过 100 万用户个人信息的运营者赴国外上市，必须向网络安全审查办公室申报网络安全审查"，这是我国对弥补数据安全漏洞、强化数据治理的又一数据领域立法创新。在某种程度上，该制度有效应对了数据霸权主义带来的国家安全风险。由国家互联网信息办公室、国家发展和改革委员会、工业和信息化部、公安部、国家安全部、财政部、商务部、中国人民银行、国家市场监督管理总局、国家广播电视总局、中国证券监督管理委员会、国家保密局、国家密码管理局 13 个部门联合修订发布的《网络安全审查办法》自 2022 年 2 月 15 日起施行。

（二）打造全球数据治理与安全新模式

全球数据治理已经成为全球治理的重要内容。全球数据治理一般是指在全球范围内，各治理的主体依照一定的规则对全球数据的产生、收集、存储、流动等环节以及与之相关的各行为体的利益进行规范和协调的过程。例如，在各行为体参与全球数据治理的交往中，对数据权属的明确、对数据安全的保障、对数据交易的监管和对数据跨境流动的法律规制等，都属于全球数据治理的范畴。[①]全球数据治理面临着主权国家间数据治理的不同主张、冲突，以及个人、企业与主权国家间数据权益的失衡等一系列挑战。

---

① 参见蔡翠红、王远志：《全球数据治理：挑战与应对》，《国际问题研究》2020 年第 6 期。

1. 数据治理的早期探索：《通用数据保护条例》

2012年1月，欧洲会议提出改革欧盟数据保护法规。2015年12月，欧洲会议一致同意制定新的欧盟数据保护法规。2016年4月，欧洲会议通过《通用数据保护条例》（GDPR）。欧盟成员国将于2018年5月全面实施。2018年5月25日，《通用数据保护条例》全面实施。欧盟委员会还制定了对该条例的评估计划，2020年进行第一次评估，2024年进行第二次评估。

2020年6月24日，欧盟委员会发布《数据保护是增强公民赋权和欧盟实现数字化转型的基础——GDPR实施两年》报告，引起全球关注。该报告是对《通用数据保护条例》实施以来的首次评估，欧盟强调了《通用数据保护条例》作为标准制定者在数字经济监管中所发挥的作用。欧盟认为《通用数据保护条例》不仅成功实现了加强个人对自身数据的保护权，保证个人数据在欧盟范围内自由流通的目标，还为独立数据保护机构配备了更强大、更协调的执法权，并建立了新的治理体系。此外，它还为所有在欧盟市场运营的公司创造了一个公平的竞争环境，确保了欧盟内部数据的自由流通，并对内部市场进行了强化。"数据保护是增强公民赋权和欧盟实现数字化转型的基础"以及"《通用数据保护条例》是欧盟框架的核心，是以人为本的技术路径的重要组成部分，也是欧盟决策中双绿色战略和数字转型中技术使用的指南"的定调，将《通用数据保护条例》提升到欧盟整体治理和发展战略高度的核心位置。

《通用数据保护条例》的通过促使世界许多地区的其他国家考虑效仿，从智利到韩国，从巴西到日本，从肯尼亚到印度，它在某种程度上成为了世界部分国家的数字经济监管标准。联合国秘书长安东尼奥·古特雷斯指出，《通用数据保护条例》树立了一个榜样，激励其他地方采取类似的措施，并敦促欧盟及其成员国继续领导塑造数字时代。

2. 数据治理的最新实践：《数据治理法案》

长期以来，欧盟一直以打造共同欧洲数据空间、单一数据市场作为主要目标。早在 2020 年 2 月 19 日，欧盟发布《欧洲数据战略》（European Data Strategy），概述欧洲未来五年为提振数据经济竞争力将采取的政策方案、技术创新和投资策略，即通过"开放更多数据"和"增强数据可用性"为欧洲数字化转型提供发展和创新动力，形成一种新的欧洲数据治理模式。

2022 年 4 月 6 日，欧洲议会就欧盟《数据治理法案》（Data Governance Act，简称 DGA）进行最终投票表决。最终，《数据治理法案》以 501 票赞成、12 票反对、40 票弃权，获得议会批准。《数据治理法案》旨在促进整个欧盟内部和跨部门之间的数据共享，增强公民和公司对其数据的控制和信任，并为主要技术平台的数据处理实践提供一种新的欧洲模式，帮助释放人工智能的潜力。通过立法，欧盟将建立关于数据市场中立性的新规则，促进公共数据（例如健康、农业或环境数据）的再利用，并在战略领域创建共同的欧洲数据空间。

根据欧盟委员会的数据显示，公共机构、企业和公民产生的数据量预计将在 2018 年至 2025 年增加五倍。基于《数据治理法案》形成的新规则将允许欧盟更好地使用这些数据，预计到 2028 年，通过法案新措施将数据的经济价值提高至 70 亿欧元到 110 亿欧元，从而使社会、公民和企业受益。《数据治理法案》是为了落实《欧洲数据战略》所采取的重要立法举措，为欧洲新的数据治理方式奠定了基础。法案基本符合欧盟的价值观和原则，如个人数据保护、消费者保护和竞争规则。

3. 数据安全的中国倡议：《全球数据安全倡议》

2020 年 9 月 8 日上午，时任国务委员兼外长王毅在"抓住数字机遇，共谋合作发展"国际研讨会高级别会议上发表题为《坚守多边主义 倡导公平正义 携手合作共赢》的主旨讲话，提出《全球数据安全倡议》。王毅表示，当前正处在新一轮科技革命和产业变革蓄势待发的历史时刻。各国面临促进数字和实体经济融合发展、加速新旧发展动能转换、打造新产业和新业态的共同任务。全球数据正在成为各国经济发展和产业革命新的动力源泉。与此同时，数据安全风险对全球数字治理构成新的挑战。各国亟须加强沟通、建立互信，密切协调，深化合作，共商应对数据安全风险之策，共谋全球数字治理之道。

数据安全是全球性问题，没有哪个国家可独善其身。放眼当今世界，信息化、数字化、网络化、智能化已成大势所趋，但规则缺失是当前全球数字治理领域面临的突出挑战。应对数据安全风险，需要凝聚全球数字治理合力。①《全球数据安全倡议》为全球数字治理规则制定贡献了中国方案、中国智慧，正在得到越来越多国家的积极回应。共商应对数据安全风险之策，共谋全球数字治理之道，才能抓住机遇、应对挑战，共创数字时代更加安全、繁荣、美好的未来。

（三）中美欧制度创新的联动与博弈

放眼全球，中美欧围绕数字治理和平台治理的制度建设和制度创新，开启了前所未有的联动、协同、互鉴与博弈态势。拜登政府继续延续着诸多"后特朗普式"的科技政策，通过一年时间搭建美国反垄断"新布兰代斯主义三驾马车"的新班子，为后续针对互联网巨头的反垄断做准

① 参见张璁：《让数据安全托起美好数字生活》，《人民日报》2021年12月6日。

备。欧洲《数字市场法案》（Digital Markets Act，简称 DMA）和《数字服务法案》（Digital Services Act，简称 DSA）稳步推进，其核心的"守门人"理念，超越"事后监管"的反垄断制度框架，创造了全新"事前监管"的治理范式。2022 年，中美欧在移动互联网时代的反垄断、数字治理和人工智能治理等领域的制度创新、构建与实施，将继续以快马加鞭的节奏推进，并开始全面落地。三地制度创新的联动与博弈无疑将重塑整个人类社会的未来新格局。

1. 我国正加快加强反垄断领域法律制度建设

2021 年我国反垄断行动声势浩大。2021 年 2 月 7 日，国务院反垄断委员会制定发布《国务院反垄断委员会关于平台经济领域的反垄断指南》（以下简称《指南》）。《指南》针对近年来社会各方面反映较多的"二选一""大数据杀熟"等问题作出专门规定，明确了相关行为是否构成垄断行为的判断标准，明确了"大数据杀熟"可能构成滥用市场支配地位差别待遇行为，详细列举了认定或者推定经营者具有市场支配地位的考量因素。

2021 年 10 月 29 日，国家市场监督管理总局公布了《互联网平台分类分级指南（征求意见稿）》《互联网平台落实主体责任指南（征求意见稿）》，这两个文件是为了科学界定平台类别、合理划分平台等级，推动平台企业落实主体责任，促进平台经济健康发展，保障各类平台用户的权益，维护社会经济秩序。

2021 年 11 月 18 日，国家反垄断局正式挂牌，新增"三司"，分别为竞争政策协调司、反垄断执法一司、反垄断执法二司，我国对反垄断体制机制进行进一步完善，充实反垄断监管力量，切实规范市场竞争行为，促进建设强大国内市场，为各类市场主体投资兴业、规范健康发展营造公平、透明、可预期的良好竞争环境助力。

2. 美国正推动施行反垄断法案的全面改革计划

2021 年 6 月 11 日,美国国会众议院公布了五项仍以草案形式存在的法案,包括《终止平台垄断法案》《美国选择与创新在线法案》《平台竞争和机会法案》《通过启用服务交换增强兼容性和竞争性法案》和《收购兼并申请费现代化法案》,这是美国数十年来对反垄断法最全面的改革计划。

《终止平台垄断法案》(Ending Platform Monopolies Act)专门针对市值超过 6000 亿美元、在美国境内月活跃达到特定规模(5000 万 / 在线平台;10 万 / 传统平台)且被视为"关键贸易伙伴"(Critical Trading Partner)的企业。该法案旨在通过消除具有支配地位的在线平台同时拥有或控制平台以及其他业务而产生的利益冲突,以促进数字市场的竞争和经济机会。虽然没有直接标明针对亚马逊、谷歌、苹果、脸书等科技巨头,但目前仅有这四家企业符合该法案所列举的平台要求。

《美国选择与创新在线法案》(American Choice and Innovation Online Act)由民主党众议员大卫·西西林(David N. Cicilline)提出,旨在规制"涵盖平台"(Covered Platforms)从事的某些歧视性行为。该法案规定,应由美国联邦贸易委员会或美国司法部负责确定相关实体是否构成本法规定的涵盖平台。确定涵盖平台的标准为:年净销售额或市值超过 6000 亿美元、美国境内月活跃用户达到特定规模(5000 万普通用户 / 在线平台;10 万商业用户 / 平台)、构成"关键贸易伙伴"。在相关实体被确定为涵盖平台后,无论该涵盖平台的控制权是否发生变化,除非美国联邦贸易委员会或司法部取消指定,否则将适用于其发布后的十年。

《平台竞争和机会法案》（Platform Competition and Opportunity Act）由民主党众议员哈基姆·杰弗里斯（Hakeem S. Jeffries）提出，通过禁止"涵盖平台运营商"（Covered Platform Operator）收购竞争对手或潜在竞争对手，以促进数字市场的竞争和经济机会。该法案规定，"涵盖平台运营商"是指"涵盖平台"的直接或间接所有者或控制者。

《通过启用服务交换增强兼容性和竞争性法案》（ACCESS Act）由宾夕法尼亚州民主党众议员玛丽·盖·斯坎隆（Mary Gay Scanlon）提出，旨在促进竞争，降低进入壁垒，降低在线消费者和企业的转换成本。其主要内容是要求涵盖平台依据规定标准保证数据的可携带性（或者说可移植性）和互操作性，使消费者更容易将他们的数据迁移到其他平台。

《收购兼并申请费现代化法案》（Merger Filing Fee Modernization Act）将增加向反垄断机构支付的合并审查申请费。旨在提高价值超过 10 亿美元的并购案向美国联邦贸易委员会（FTC）和美国司法部（DOJ）反垄断司申请审议的费用，同时降低价值不足 50 万美元并购的备案申请费，预计执行首年可为反垄断执法机构创造约 1.35 亿美元收入。

3. 欧盟致力于推进数字反垄断的制度创新

2020 年推出的《数字市场法案》（DMA）是欧盟互联网反垄断重磅的制度利器。欧盟《数字市场法案》为在数字领域充当"守门人"的平台引入了规则，指出这些平台对内部市场有重大影响，是企业用户接触其终端用户的重要通道，并在市场上享有或可预见地享有根深蒂固的持久地位。《数字市场法案》的目标，即防止"守门人"对企业和最终用户施加不公平的条件，并确保重要数字服务的开放性。"守门人"必须实施的更改示例包括：确保最终用户可以轻松地取消订阅核心平台服务或卸载预装的核心平台服务，默认情况下停止在操作系统旁边安装软件，提供广告绩效数据和广告定价信息，允许开发人员使用替代的应用内支付系统或允许最终用户下载替代的应用商店。

2022年，《数字市场法案》和《数字服务法案》两大法案的生效和实施，将重塑欧盟数字反垄断的新格局。2022年1月20日，欧洲议会以530票赞成、78票反对、80票弃权的表决结果通过了《数字服务法案》，接下来《数字服务法案》还将提交给欧盟各成员国议会审议，在获得各国批准后生效实施。和2020年年底提交的草案相比，最新版《数字服务法案》新增了对超大型平台的内容审查、个性化广告、算法推荐等方面内容。如同《通用数据保护条例》一样，《数字市场法案》和《数字服务法案》必将成为欧洲国家数字反垄断和平台治理的制度创新和标杆。

2022年4月23日，欧盟就《数字服务法案》的广泛条款达成一致，这项法案将迫使科技公司对其平台上出现的内容承担更大的责任。科技公司面临的新义务包括：更快地删除非法内容和商品，向用户和外部研究员解释他们的算法如何工作，以及对虚假信息的传播采取更严格的行动。如果不遵守规定，公司将面临高达其年营业额6%的罚款。欧盟委员会主席冯德莱恩在一份声明中表示：《数字服务法案》将升级欧盟所有在线服务的基本规则，它使"在线下违法的内容在线上也是违法的"这一原则得到了实际的落实，并表示规模越大，网络平台的责任就越大。尽管现在《数字服务法案》的广泛条款已经得到了欧盟成员国的同意，但这一法案需要在晚些时候得到欧洲议会和欧盟委员会的正式批准后才能生效。一旦获得通过，《数字服务法案》将直接适用于整个欧盟地区，并在生效后15个月或者从2024年1月后（以较晚日期为准）开始适用。

三、数据领域实践探索及风险挑战

（一）数据"最多采一次"的欧盟经验

近年来，欧盟将数据定位为其数字化转型的核心，以数据驱动改善政府政策制定和公共服务。欧盟的"最多采一次"原则（Once-Only Principle）旨在确保公民、机构和公司只需向政府部门提供一次某一标准格式的信息内容。通过数据保护条例和用户的明确同意，政府部门间可以重复使用和交换数据。它是欧盟通过减轻公民和企业的行政负担进一步发展数字单一市场计划的一部分，也是欧盟《电子政府行动计划2016—2020》的基本原则之一。"最多采一次"原则的提出为欧盟国家提供了一个独特的机会，使其能在政府部门间建立持久的数据共享能力。

从欧盟各国的实施情况来看，"最多采一次"的优点在于：第一，有助于减轻欧盟成员国的行政负担，更好地考虑到数据保护问题；第二，有助于优化行政流程，提高管理效率，提升公共服务供给质量；第三，"最多采一次"的跨境执行原则有助于确保本国及外国的个人和公司在使用公共服务时享有平等待遇，更好地在总体上提高政府的合法性、透明度和问责制。

在欧盟各国的实践中，"最多采一次"原则也面临着来自不同维度的障碍。第一，在技术方面，缺乏全面可靠的数据交换解决方案、可互操作的目录和IT系统，缺乏安全和符合数据保护要求的数据交换基础设施；第二，在组织方面，缺乏明确的政治指导、实施成本高，以及合作和交换数据的行政意愿普遍较低；第三，在语义方面，缺乏或过度的分布登记，以及现有登记和数据间互操作性不足。此外，还有不同的标准、分类、数据模型和数据质量等带来的障碍；第四，在法律方面，各国法律框架间的异质性、数据保护和对隐私的尊重等差异，也影响了"最多采一次"原则在跨地区和跨国家的协同实施。

（二）"健康码"背后的数据风险挑战

2020 年 2 月 3 日，习近平总书记在部署疫情防控工作时指出："各地区要压实地方党委和政府责任，强化社区防控网格化管理，采取更加周密精准、更加管用有效的措施，防止疫情蔓延。"[1]

新冠疫情全球暴发，科技成为抗击疫情全新的重要手段，"健康码"成为其中最大的亮点之一。除了中国，新加坡、美国、欧洲多国都陆续推出了类似"健康码"应用。"健康码"的出现有着现实社会突发疫情的偶然性，但从数字科技和传播范式发展的时代背景下来看，也有其必然性。"健康码"的出现为全国各地疫情防控工作和复工复产复学等有序进行提供了新的工具和管理基础。此次"健康码"源于杭州市在疫情期间采取的一项数字管理措施，后在国家统一支持下由阿里巴巴的支付宝和腾讯微信平台接入全国推广。有研究指出，"健康码"不仅是一种新技术的应用，也代表一种新治理模式的出现。"健康码"在全国范围内推开后，迅速取代其他繁杂的证明而成为一个复工复产的王牌应用。除了中国推出的基于支付宝和微信平台的"健康码"，国外苹果和谷歌公司也推出了它们的"健康码"以及其他的数字防疫工具（见表4—1）。

---

[1] 《研究加强新型冠状病毒感染的肺炎疫情防控工作》，《人民日报》2020年 2 月 4 日。

表4—1 中国"健康码"模式与美国"接触者追踪"模式对比①

对比项	中国"健康码"模式	美国"接触者追踪"模式
依托平台	阿里巴巴支付宝/腾讯微信	苹果iOS/谷歌Android
名称	健康码	Contact Tracing
产品特色	App、小程序	App+操作系统
数据来源	主动填报+大数据追踪	蓝牙信号
数据内容	个人身份信息+账户信息+健康信息+移动轨迹等	移动轨迹
数据存储	云存储	手机本地
确认方式	大数据匹配	代码交互验证
信息显示	半匿名	匿名
通知对象	用户+各类应用场景把关人	公共卫生部门+用户
应用功能	作为用户流动的依据和风险等级参考	提醒用户
应用场景	公共服务机构、办公楼宇、居民小区等	用户个人
有效群体	未明确	60%的使用人群
数据处理	政策要求应当及时销毁	禁止政府和第三方接触，承诺疫情结束后销毁
弊端	获取了用户大量个人属性信息和隐私数据	无法真正做到高效精准

　　中国的"健康码"借鉴了交通信号灯的灵感，根据每个人经历过的不同时空场域分别显示出健康可行的"绿色"、警示隔离的"黄色"和禁止行动的"红色"。"健康码"需要用户自主申报包括姓名、性别、身份证、住址等信息，核心基础是第一次全面汇聚了航空、铁路、公路、市

---

　　① 参见方兴东、严峰：《"健康码"与正在浮现中的智能传播新格局》，《未来传播》2020年第5期。

内公共交通数据，尤其是电信运营商和金融机构数据。虽然用户是自主申报，但若刻意隐瞒实情，需要承担相应的法律责任，有对应的法律进行规制。如此便形成了一套"商业平台 + 政府背书"的模式，所有用户最真实的信息被自愿提交给两大商业平台。

美国的接触者追踪（Contact Tracing）模式在最大程度上减少对用户敏感数据的获取，包括其发出的警示也仅仅是在系统匹配出风险后提示用户，并给予用户相应的建议。然而，两种模式的应用带来的结果存在天壤之别，中国借助"健康码"在全国数字抗疫的道路上逐步走向胜利，并为全国范围内的人员流动和复工复产提供了充分的依据。美国则仍存在用户不愿下载、使用率低导致防疫效果差的问题。最终，中国模式在用户让渡了一些数字和隐私权利后实现了生活和工作逐步走向正轨，而美国等国家依然在巨大的疫情风险中寻找出路。

健康码是数字化抗疫的亮点之一。健康码走向常态化逐渐成为大势所趋，直接影响国家和社会治理现代化的进程。健康码管理风险和隐患，成为国家治理现代化的第一场全局性大考，需要政府、学术界和产业界携起手来，共同面对这场数字时代的新型挑战。如何应对健康码及其带来的数据风险问题，可以从以下几个方面探讨。

一是人民利益是数据治理的首要考虑。健康码背后的数据治理是建立在每一个普通大众的切身利益之上的，所以，这是真正践行习近平总书记强调的网信事业发展要"贯彻以人民为中心的发展思想"以及"主动适应人民的期待和需求"。

二是与国际接轨。建立在互联网基础设施之上的数字社会共同生活在全球一体化空间之中，是真正的"地球村"。中国的数据治理，既要考虑内在发展和治理的需要，更要着眼于成为全球数据治理重要的建设性力量。所以，要充分借鉴全球数据治理的制度和实践，充分与国际接轨。

三是多方机制在数据治理方面先行先试。多方机制是全球网络治理行之有效的重要方式和宝贵经验。但是，在中国始终没有成为正式的治理模式。数据治理的特殊性，很适合发挥多方模式的优势。政府、企业、社会和学术界等多方联手，发挥各自所长，相互协同也相互博弈，达成良好的公共政策。

（三）"滴滴出行"网络安全审查事件

数据是数字经济时代的核心生产要素，而全球数据治理的主导权仍在欧美手中。如何尽快提出数据跨境流动中的"中国方案"，是中国数据治理工作的重要议题。

2021 年 7 月 2 日，网络安全审查办公室发布公告称，为防范国家数据安全风险，维护国家安全，保障公共利益，依据《中华人民共和国国家安全法》《中华人民共和国网络安全法》，网络安全审查办公室按照《网络安全审查办法》，对"滴滴出行"实施网络安全审查。为配合网络安全审查工作，防范风险扩大，审查期间"滴滴出行"停止新用户注册。

2021 年 7 月 9 日，国家互联网信息办公室发布公告，根据举报，经检测核实，"滴滴企业版"等 25 款 App 存在严重违法违规收集使用个人信息问题。国家互联网信息办公室依据《中华人民共和国网络安全法》相关规定，通知应用商店下架上述 25 款 App，要求相关运营者严格按照法律要求，参照国家有关标准，认真整改存在的问题，切实保障广大用户个人信息安全。各网站、平台不得为"滴滴出行"和"滴滴企业版"等上述 25 款已在应用商店下架的 App 提供访问和下载服务。

自 2020 年 4 月，国家互联网信息办公室等 12 部门联合制定的《网络安全审查办法》发布以来，"滴滴出行"的网络安全审查程序属全国首例。2021 年 6 月 30 日，滴滴公司在美国低调公开募股（IPO），同时社交媒体用户在微博上质疑滴滴公司转移用户数据并将中国道路地图卖给美国。此后，滴滴公司接受网络安全审查，股价大跌。7 月 3 日，滴滴公司总裁李敏回应数据传闻，表示绝无可能把数据交给美国，数据都在国内。7 月 4 日，中国国家互联网信息监管机构发布通告称，中国网络租车平台"滴滴出行"严重违法违规收集使用个人信息，并宣布"滴滴出行"App 下架。2023 年 7 月 21 日，国家互联网信息办公室依据《中华人民共和国网络安全法》《中华人民共和国数据安全法》《中华人民共和国个人信息保护法》《中华人民共和国行政处罚法》等法律法规，对滴滴全球股份有限公司处人民币 80.26 亿元罚款，对滴滴全球股份有限公司董事长兼 CEO、总裁各处人民币 100 万元罚款。[①]2021 年 7 月 6 日，中共中央办公厅、国务院办公厅印发了《关于依法从严打击证券违法活动的意见》。意见对数据安全、跨境数据流动、涉密信息管理等相关法律法规的完善提出了要求，国家安全、网络安全、数据安全已成为数字经济时代国家的重要战略任务，境外上市公司信息安全主体保密责任也成为未来监管执法的新重点。

---

① 参见国家互联网信息办公室网站，http://www.cac.gov.cn/2022-07/21/c_1660021534306352.htm.

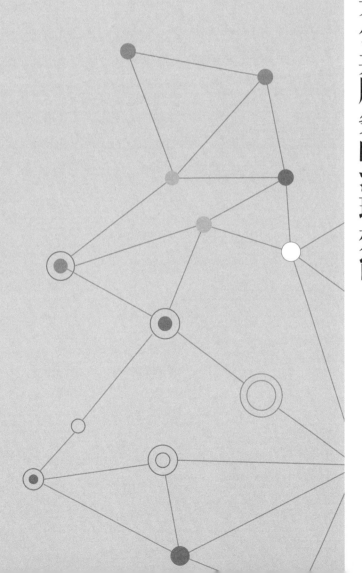

第五章　提升公共服务的治理效能

2022 年 4 月 19 日，习近平总书记主持召开中央全面深化改革委员会第二十五次会议，审议通过了《关于加强数字政府建设的指导意见》。习近平总书记首次提出"以数字化改革助力政府职能转变"的重要论述，强调要全面贯彻网络强国战略，把数字技术广泛应用于政府管理服务，推动政府数字化、智能化运行，为推进国家治理体系和治理能力现代化提供有力支撑。公共治理的数字化转型成为数字治理和数字政府建设中最重要的部分。

中国政府所采取的数字治理制度，已成为国家最高战略之一。事实上，网络超级平台的崛起，给世界各国都带来冲击和挑战，使中美欧都不约而同地推出各种治理制度。数字治理正在贯穿技术—应用—产业—经济—社会—国家—国际—全球等各个层面，在公共治理转型过程中未知大于已知，依然需要在混乱中寻找秩序，在未知中构建知识体系。

一、人类需要迎接数字时代带来的治理挑战

（一）数字时代的治理与数字治理

探讨数字治理时，离不开 20 世纪 80 年代在西方世界中兴起的一个政府管理与改革理论，即"新公共管理"，它是伴随着 20 世纪 80 年代西方各国声势浩大的行政改革浪潮而兴起的各国政府公共管理发展的新趋向。该理论以弹性市场机制为基础，主张采用商业管理的理论、方法和技术对公共部门进行全方位的改革和再造，提升公共管理的水平和质量。作为一种较新的公共部门管理方法和实践取向，新公共管理追求效率、效益和经济，较好地适应了经济全球化时代对政府管理与改革的要求，在相当程度上改善了西方国家经济与社会的发展。就我国而言，新

公共管理的理论与实践研究，亦对我国社会主义市场经济条件下的行政体制改革产生了重要意义。

2006年，伦敦政治经济学院帕特里克·邓利维（Patrick Dunlavy）教授和艾伦·图灵研究所公共政策项目主任海伦·马格茨（Helen Margetts）教授等人声称数字时代治理（Digital Era Governance，简称DEG）的概念自2000年起，在西方世界已逐渐开始了对新公共管理的取代。数字时代治理有三个关键要素：重返社会（将问题重新纳入政府控制）、基于需求的整体主义（围绕不同的客户群体重组政府）以及数字化（充分利用数字存储和互联网通信的潜力来改变治理）。事实上，由于市场经济的快速发展，现代治理水平远远跟不上社会现实的发展步伐，数字时代的治理意味着公共部门组织正面临新的挑战，为了适应信息时代互联网与大数据带来的冲击，公共部门组织不能依赖其传统的"筒仓式"管理方法——将公共服务作为分散的、重复的"一股脑往筒仓里丢"的机械任务，这会致使更多的单个政府部门在创造公共价值方面的低效率。西方公共管理学者认为，为了改善政府，有必要从传统的管理方法转向创新方法，通过信息与通信技术建立一个更好的政府。配套信息技术的提升与信息系统的升级，是公共部门在数字时代更好地进行公共管理和改革的必备条件。因此，数字时代的治理升级，呼唤着数字治理的到来。

数字治理（Digital Governance）是现代数字化技术与治理理论的融合，治理主体由政府、市民和企业构成，是一种新型的治理模式。①数字治理更多地强调政府管理能力，关注政府执政的合法性、透明度和反应能力，聚焦政府如何更好地解决社会问题和真正实现为人民服务的宗旨，

---

① 参见杜泽：《什么是数字治理？》，《中国信息界》2020年第1期。

数字治理的概念更多地集中于公共行政管理领域。广义上，数字治理不是将通信技术简单地应用于公共事务领域，它是一种"与政治权力和社会权力的组织与利用方式相关联的'社会—政治'组织及其活动形式"，探讨的是通过通信技术实现从政治对经济和社会资源的综合治理，涉及如何影响政府、立法机关以及公共管理过程的一系列活动；狭义上，数字治理是指"在政府与市民社会、与以企业为代表的经济社会的互动过程中，在政府内部的运行过程中"运用信息技术，简化政府行政和公共事务的处理程序、提高民主化程度的治理模式。近年来，"数字治理"被看作是一种以通信技术和大数据为基础的多元治理模式。[①]它通过政府运营和公共管理过程中的复杂数据分析、数据建模、数据优化和数据可视化，实现对管理决策和政策的优化。

总体而言，互联网时代的治理创新主要是过程创新。在可以预见的情况下，治理数字世界将面临的问题已经挑战了如今公共管理领域关于政府、政治和政策的现有知识。特别是，数字治理已经超越技术与工具层面，开始成为全局性治理模式转变和制度创新的方向所在，开始成为人类未来安身立命的根本性挑战，这在 20 年前是不可想象的。如今，数字治理正在成为全球不可逆的浪潮，无论是对世界各国还是地方政府而言，数字技术引发的问题以及数字社会背景下的社会治理挑战，都已经成为实现治理能力提升与治理现代化所要面临的考验。[②]

---

① 参见钟祥铭、方兴东：《数字治理的概念辨析与内涵演进》，《未来传播》2021 年第 5 期。

② 参见钟祥铭、方兴东：《数字治理的概念辨析与内涵演进》，《未来传播》2021 年第 5 期。

（二）算法治理："大数据杀熟"与"二选一"

在数字时代疾步向前的当下，数字社会里既有全新生产力和生产关系变革带来的进步，又有霸权主义、垄断主义的数字延伸发展带来的各类数字社会争议。

算法治理（Algorithmic Governance）是数字治理概念下的子项，它作为数字社会争议中的一个关键概念，突显了数字技术以特定方式产生社会秩序的观点。算法治理基于对计算机的认知，是一种社会秩序的重构形式，它依赖于参与者之间的协调。[①]算法治理的概念概括了一系列广泛的社会技术实践，这些实践以特定的方式对社会进行排序和调节，包括预测性治安、劳动管理和内容节制。算法治理下的预测性治安是指运用统计数据来预测犯罪中的微趋势从而进行治安防护；受算法主导的劳动管理是指加强信息技术与劳动控制的关联性，从而创造更高的效率与效益；基于算法的内容节制是指算法通过分析人们线上活动规律，有方向性地对用户进行内容推荐。算法治理在积极层面被视为有序、监管和行为修正，是一种管理、优化和参与的形式，使治理变得更具包容性、响应能力更强，并允许更多的社会多样性；在消极层面上，算法使治理变得更强大、更普遍的同时，也带来了高度的侵入性，算法无孔不入地进入了人们的生活。算法治理有时会为商业利益而产生自我优化，受到公共争议，这时，算法偏见和算法公平度、透明度的探讨，以及如何将算法和人的能动性相结合是算法系统深入整合到组织过程中需要解决的重要问题。

---

① Katzenbach, C, Ulbrich+, L. Algorithmic Governance. Internet Policy Review. Vol.8, No.4, pp.1—18.

　　鉴于算法具有的扩展其组织社会、政治、制度和行为的能力，社会学家开始关注数据的输出和如何操纵其影响现实世界。由于算法通常被认为是中立和无偏见的，它们可能会错误地投射出比人类专业知识更大的权威，在某些情况下，对算法的依赖可能会取代人类对其行为结果的责任。从选举结果到网络仇恨言论的传播，算法偏见一直受到重点关注。当它出现在刑事司法、医疗和招聘领域时，会加剧现有的种族、社会经济和性别偏见。如面部识别技术相对无法准确识别肤色较深的人脸，这一问题源于不平衡的数据集。由于算法的专利性质，在理解、研究和发现算法偏见方面的问题仍然存在，这些算法通常被视为商业秘密，即使在提供完全透明的情况下，某些算法的复杂性也会对理解它们的功能造成障碍。此外，算法可能会改变或实现自我进化，以无法预期的方式响应输入或输出，为算法治理带来更大的不确定性。

　　近年来，通过大数据、人工智能等手段进行"杀熟"和刷好评隐差评使评价结果呈现失真等行为侵害消费者权益，由于其应用的技术性和隐蔽性，消费者很难通过个体力量与之抗衡。如果任其无序发展，一方面不利于市场经济的公平有序竞争；另一方面也会使消费者面临数据算法压榨，成为技术欺凌的对象。"大数据杀熟"是以算法为基础的内容节制带来的"潜规则"，亦是算法偏见的一种具体表现，一般是指互联网商家利用大数据技术，通过算法分析处理收集到的用户信息并做出数据画像，对价格不敏感者特别是熟客施行同物不同价的"价格歧视"政策，以此实现自身利益最大化。不同消费者对相同的商品和服务有着不同的需求弹性，不过如果商家在主观上具有欺诈的故意倾向，客观上也造成了消费者的财产损失，依据《中华人民共和国民法典》相关条款，这就是明确的欺诈行为，侵犯了消费者的知情权、公平交易权等一系列合法权益。本质上说，大数据技术并无原罪，由此所衍生的"杀熟"，归根结底不过是一种商业套路。这一定价"潜规则"，正是依据大数据所形成的用户画像和消费习惯进行精准溢价，反之，它也可以对老顾客实行精准优惠。因此，客观来说，不必将"大数据杀熟"视为大数据发展的必然现象。[1]

自 2015 年以来，阿里巴巴集团滥用该市场支配地位，对平台内商家提出"二选一"要求，禁止平台内商家在其他竞争性平台开店或参加促销活动，并借助市场力量、平台规则和数据、算法等技术手段，采取多种奖惩措施保障"二选一"要求执行，维持、增强自身市场力量，获取不正当竞争优势，构成《中华人民共和国反垄断法》第十七条第一款第（四）项禁止"没有正当理由，限定交易相对人只能与其进行交易"的滥用市场支配地位行为。根据《中华人民共和国反垄断法》第四十七条、第四十九条规定，综合考虑阿里巴巴集团违法行为的性质、程度和持续时间等因素，2021 年 4 月 10 日，市场监管总局依法作出行政处罚决定，责令阿里巴巴集团停止违法行为，并处以其 2019 年中国境内销售额 4557.12 亿元 4% 的罚款，计 182.28 亿元。同时，按照《中华人民共和国行政处罚法》坚持处罚与教育相结合的原则，向阿里巴巴集团发出《行政指导书》，要求其围绕严格落实平台企业主体责任、加强内控合规管理、维护公平竞争、保护平台内商家和消费者合法权益等方面进行全面整改，并连续三年向市场监管总局提交自查合规报告。

在国家监管方面，2021 年 4 月 13 日，市场监管总局会同中央网信办、税务总局召开互联网平台企业行政指导会。会议指出，强迫实施"二选

---

[1] 参见朱昌俊：《大数据杀熟：无关技术 关乎伦理》，《光明日报》2018年 3 月 28 日。

一"问题必须严肃整治。2022 年 1 月 14 日,最高人民法院召开新闻发布会,发布《关于充分发挥司法职能作用　助力中小微企业发展的指导意见》。该意见提出,加强反垄断和反不正当竞争案件审理力度,依法严惩强制"二选一"、低价倾销、强制搭售、屏蔽封锁、刷单炒信等垄断和不正当竞争行为。

(三)平台治理:"互联互通"推动高质量发展

2021 年 7 月 23 日,工业和信息化部召开互联网行业专项整治行动动员部署电视电话会议,正式启动为期半年的专项整治行动。此次行动立足互联网行业管理主业主责,在前期 App 专项整治的基础上,工信部进一步梳理互联网行业社会关注度高、影响面广、群众反映强烈的热点难点问题,力图通过互联网行业专项整治行动,引导国内形成开放互通、安全有序的市场环境,推动行业规范健康高质量发展。

在扰乱市场秩序方面,工信部重点整治恶意屏蔽网址链接和干扰其他企业产品或服务运行等问题,包括无正当理由限制其他网址链接的正常访问、实施歧视性屏蔽措施等场景;在侵害用户权益方面,工信部重点整治应用软件启动弹窗欺骗误导用户、强制提供个性化服务等问题,包括弹窗整屏为跳转链接、定向推送时提供虚假关闭按钮等场景;在威胁数据安全方面,工信部重点整治企业在数据收集、传输、存储及对外提供等环节,未按要求采取必要的管理和技术措施等问题,包括数据传输时未对敏感信息加密、向第三方提供数据前未征得用户同意等场景;在违法资源和资质管理规定方面,工信部重点整治"黑宽带"和未履行网站备案手续等问题,包括转租或使用违规网络接入资源、未及时更新备案信息等场景。

2021年9月9日下午，工信部有关业务部门召开了"屏蔽网址链接问题行政指导会"。9月13日上午，在国新办新闻发布会上，工信部新闻发言人表示，工信部7月启动了为期半年的互联网行业专项整治行动，屏蔽网址链接是这次重点整治的问题之一。无正当理由限制网址链接的识别、解析、正常访问，影响了用户体验，也损害了用户权益，扰乱了市场秩序。9月17日被称为互联互通的正式"拆墙日"。

工信部围绕"互联互通"的专项整治行动，标志着中国平台治理进入深水区，更昭示着中国在全球强化反垄断方面，制度创新可能的新突破点。互联互通专项行动属于这一轮强化反垄断浪潮中的"探索式动作"，其中的难度和复杂性非同一般。无论是技术、信息还是人抑或是社会与文明，互联都是内在的本性。进入数字时代，技术、信息与人类之间的互联程度前所未有。但是，资本逻辑驱动的超级平台之间"围墙花园"越垒越高，已经逐渐成为互联网全球化发展的重要威胁。

（四）"信疫"：呼唤全球数字治理新机制

新冠疫情给人类的安全和健康造成了巨大威胁，"信息疫情"（Infodemic）（以下简称"信疫"）则产生更可怕的社会伤害，中外专家、学者从多个角度出发，探讨了"信疫"的危害性问题。世卫组织（WHO）总干事谭德塞表示，"信疫"使卫生工作者的工作变得更加困难，还转移了决策者的注意力，造成了混乱，向普通公众传递了恐惧和不安。流行病社会学奠基人菲利普·斯特朗（Philip Strong）认为，在条件合适的情况下，医学意义上的流行病有可能引发霍布斯所言的"一切人反对一切人的战争"，规模巨大的新型致命性流行病暴发之后，很快就会诱发恐惧、惊慌、怀疑和污名化的灾难。

　　"信疫"的本质是新技术背景下人类社会信息传播的无序和失控，是民众、媒体、国家与国际社会整体对新形势不适应的一次集中、剧烈的爆发，其根源是互联网发展历程中形成的大众传播、网络传播、社交传播和智能传播等多种传播机制交错叠加的融合传播的复杂格局。如今以全民性社交媒体为基础的自下而上的大集市模式已经成为当今社会信息传播的主导性力量，信息海量、即时、碎片，虚假信息泛滥；而官方主导的自上而下的大教堂模式，由于一些主要国家政客出于各种政治目的，不遵循科学常识发布不实消息，极大损害民众信任度，损害机构公信力。自上而下和自下而上两大层面的信息秩序的双重失守是本次"信疫"问题恶化的根源。

　　这场划时代的疫情，人类必须打赢两场全新的战争：一场是现实世界大流行的新冠病毒之战；另一场是网络空间大流行的"信疫"之战。"信疫"为民众带来过度的恐惧、焦虑情绪。疫情期间人们往往选择闭门不出，躲避危机，所以注意力通常会集中在网络社交媒体上，而恐慌的最大源头便是人们在社交媒体上眼看着危机逐渐扩大，这会引发民众巨大的心理恐慌。同时，恐慌不仅导致各种非科学疗法满天飞，还会带来囤货潮、抢购风，扰乱正常秩序。"信疫"会导致人们无法做出正确判断，盲从假信息进行错误行动。"信疫"会令人们之间产生误解，加剧种族之间的对立和冲突。在全球卫生恐慌之下企图将罪责归于某个特定地方或人，这在历史上也不鲜见。在社交媒体上，关于新冠病毒歧视性的言论比比皆是。由此，疫病容易使不同群体之间产生对立，使群体迅速"异化"，加剧种族之间的对立和冲突。除了上述危害之外，"信疫"甚至已成为很多社会问题的根源与导火索。更有境内外敌对势力，借"疫"炒作，采取攻击诋毁、散播谣言、煽动情绪等方法带节奏、惑人心，企图破坏我国社会大局稳定，引发社会动乱。因此，"信疫"已经成为国与国之间矛盾和冲突的因素之一。

"信疫"是新技术环境下的新问题，我们必须把握技术发展趋势和传播规律，顺势而为。通过这次疫情发现的问题，多管齐下，构建全新的治理机制。一方面是信息传播本身的有序化，各种传播机制都在努力改善自身的信息问题。另一方面是各种缺失的制度和规范将陆续建立、健全和完善起来。如何调动各利益相关方的意识和力量，是关键所在。

目前全球性协调机制缺失，是一个亟待弥补的问题。"信疫"是全球性问题，依靠任何单一国家都不可能有效解决。从零开始，从简单开始，这个机制不一定需要约束力和执行力，但是需要形成全球性讨论的平台，通过更多达成阶段性、原则性和针对性的共识和规范开始，逐渐形成真正的国际数字治理机制。这个国际机制可以参照联合国互联网治理论坛（IGF）的"多利益相关方模式"——政府和政府间组织提供支持，以非政府的企业、学界、社群等为主体。

二、以数字治理助推国家治理能力现代化

随着互联网特别是移动互联网发展，社会治理模式正在从单向管理转向双向互动，从线下转向线上线下融合，从单纯的政府监管向更加注重社会协同治理转变。习近平总书记在 2021 年针对数字治理多次提出最具有指导性和系统性的论述，由此可见，数字治理已成为国家治理现代化的重要驱动力量。

2015 年国务院印发了《促进大数据发展行动纲要》，其中明确提出了"精准治理"理念。但新一轮人工智能技术的迅猛发展进一步推动了精准治理理念的变迁，即更加强调政府治理的智能化。2017 年《国务

院关于印发新一代人工智能发展规划的通知》对政府治理的智能化做了明确阐释，指出人工智能技术可以"准确感知、预测、预警基础设施和社会安全运行的重大态势，及时把握群体认知及心理变化，主动决策反应"，对于政府治理具有"不可替代的作用"。人工智能是数字治理的关键性要素。习近平总书记指出："加快发展新一代人工智能是我们赢得全球科技竞争主动权的重要战略抓手，是推动我国科技跨越发展、产业优化升级、生产力整体跃升的重要战略资源。"[①]人工智能是提升我国国家竞争力的关键性要素，也是保障我国国家安全的重要技术支柱。

当前，人工智能在医疗、交通、经济、商业、教育和公共安全等各个领域的应用越来越多，对人工智能治理的明确概述也越来越令人担忧。人工智能治理的理念是，应该有一个法律框架来确保机器学习技术得到充分的研究和开发，以帮助人类公平地使用人工智能系统。人工智能治理旨在解决围绕知情权和可能发生的侵权行为的问题，以弥合技术进步中问责制和道德之间的差距。人工智能治理与正义、数据质量和自主性有关，这包括确定人工智能安全相关问题的答案，哪些部门适合人工智能自动化，哪些法律和制度结构需要参与，个人数据的控制和访问，以及道德和伦理直觉在与人工智能互动时发挥的作用。人工智能治理决定了算法能影响日常生活的多少，以及谁能控制对算法的监控。治理主体的多元作为人工智能治理的重要特征之一，它依赖于包括国家政府、行业组织、企业、公众在内的各利益攸关方的参与合作、各司其职、各尽其能，以适当的角色、最佳的方式协同共治，从而构建严谨、全面、有

---

① 中共中央党史和文献研究院编：《习近平关于网络强国论述摘编》，中央文献出版社 2021 年版，第 120 页。

效的全新治理模式。

2019 年，党的十九届四中全会审议通过的《中共中央关于坚持和完善中国特色社会主义制度　推进国家治理体系和治理能力现代化若干重大问题的决定》指出，要"建立健全运用互联网、大数据、人工智能等技术手段进行行政管理的制度规则。推进数字政府建设，加强数据有序共享，依法保护个人信息"①。

同时，党的十九届四中全会明确提出要坚持和完善共建共治共享的社会治理制度，完善党委领导、政府负责、民主协商、社会协同、公众参与、法治保障、科技支撑的社会治理体系，建设人人有责、人人尽责、人人享有的社会治理共同体。以数字治理助推国家治理能力实现现代化，成为群体共识。

数字技术创新和迭代速度的加快，在提高社会生产力、优化资源配置的同时，也带来一些新问题新挑战，迫切需要对数字化发展进行治理，营造良好数字生态。2021 年 12 月 28 日，为深入学习贯彻习近平总书记重要讲话精神，落实"十四五"规划纲要部署，中央网络安全和信息化委员会印发《"十四五"国家信息化规划》，提出要建立健全规范有序的数字化发展治理体系。加快数字化发展、建设数字中国，是顺应新发展阶段形势变化、抢抓信息革命机遇、构筑国家竞争新优势、加快建成社会主义现代化强国的内在要求，是贯彻新发展理念、推动高质量发展的战略举措，是推动构建新发展格局、建设现代化经济体系的必由之路，是培育新发展动能，激发新发展活力，弥合数字鸿沟，加快推进国

---

① 《中共中央关于坚持和完善中国特色社会主义制度　推进国家治理体系和治理能力现代化若干重大问题的决定》，人民出版社 2019 年版，第 17 页。

家治理体系和治理能力现代化，促进人的全面发展和社会全面进步的必然选择。

2022 年 1 月 12 日，国务院印发《"十四五"数字经济发展规划》(以下简称《规划》)，明确了"十四五"时期推动数字经济健康发展的指导思想、基本原则、发展目标、重点任务和保障措施。《规划》以习近平新时代中国特色社会主义思想为指导，全面贯彻党的十九大和十九届历次全会精神，立足新发展阶段，完整、准确、全面贯彻新发展理念，构建新发展格局，推动高质量发展。

《规划》明确了要坚持"创新引领、融合发展，应用牵引、数据赋能，公平竞争、安全有序，系统推进、协同高效"的原则。指出到 2025 年，产业数字化转型迈上新台阶，数字产业化水平显著提升，数字化公共服务更加普惠均等，数字经济治理体系更加完善；展望 2035 年，力争形成统一公平、竞争有序、成熟完备的数字经济现代市场体系，数字经济发展水平位居世界前列。《规划》部署了八方面重点任务，并围绕八大任务明确了信息网络基础设施优化升级等 11 个专项工程。从加强统筹协调和组织实施、加大资金支持力度、提升全民数字素养和技能、实施试点示范、强化监测评估等方面保障实施，确保目标任务落到实处。

三、构筑数字治理新基础　保障数字时代新秩序

科技革命是解放和发展生产力的引擎，推动着人类社会的每一次重大转型。现今，伴随着信息革命的纵深发展，5G、大数据、人工智能等新一代信息通信技术使人类的生产生活发生了翻天覆地的变化，正推动着人类社会加速迈向数字时代。同时，在驱动人类走向更高社会形态的同时，科

技革命也推动着上层建筑——国家治理体系的转型。[①]作为当今生产力的代表，以互联网为核心的信息技术不仅在产业和经济等层面上深刻改变着人类活动，也对公共治理水平提出了更高更复杂的动态要求。《中华人民共和国国民经济和社会发展第十四个五年规划和2035年远景目标纲要》明确提出将"提高数字化政务服务效能"作为数字中国建设的重要内容。在新的数字社会形态下，伴随着数字技术的全面渗透，政府的治理生态、治理能力、治理方式和治理理念都面临巨大的内在挑战与发展机遇。因此，建构数字政府治理体系是数字时代发展的必然要求与坚实基础。

（一）数字政府建设是数字时代发展的坚实基础

2019年，党的十九届四中全会明确提出"建立健全运用互联网、大数据、人工智能等技术手段进行行政管理的制度规则。推进数字政府建设，加强数据有序共享，依法保护个人信息"[②]。"数字政府"首次被写入党中央文件。2022年6月，国务院发布了《关于加强数字政府建设的指导意见》，提出加强数字政府建设是创新政府治理理念和方式的重要举措，对加快转变政府职能，建设法治政府、廉洁政府、服务型政府意义重大，强调要将数字技术广泛应用于政府管理服务，构建数字化、智能化的政府运行新形态，充分发挥数字政府建设对数字经济、数字社会、数字生态的引领作用，为推进国家治理体系和治理能力现代化提供有力

---

① 参见孟天广：《政府数字化转型的要素、机制与路径——兼论"技术赋能"与"技术赋权"的双向驱动》，《治理研究》2021年第1期。

② 《中国共产党第十九届中央委员会第四次全体会议文件汇编》，人民出版社2019年版，第36页。

支撑。数字政府建设被视为推动国家治理现代化的重要途径，这也是适应我国国情和发展要求的迫切需要和战略抉择。

数字政府是运用新一代信息技术所构建的新型政府形态，是以数字化理念、数字化思维、数字化战略、数字化资源、数字化工具和数字化规则等为手段，以构建新型生产关系、打造新型治理机制、推动生产方式和生活方式变革、破解政府运行难题为工作核心，推动公共服务普惠便利化、政府管理透明公平化、政府治理精准高效化、政府决策智能化的一系列活动和过程。

数字政府的典型特征具体表现为：以用户为中心，既依赖于由不同角色组成的数字政府生态系统建设者，又服务于社会所有群体；在网络空间以整体政府形式进行服务和管理；推动政府建立科层制与扁平化相融合的网络型组织流程；以标准、过程和结果的透明促推透明政府、廉洁政府和法治政府建设；打通政府内部部门、社会、市场等不同主体之间的信息链路，推动多元主体协同共治；以及通过大数据、人工智能手段实现经济社会运行即时感知、科学决策、主动服务和智能监管。一个"整体智治、唯实惟先"的现代政府要求：以数字政府建设为引领，促进政府职能转变；以数字政府建设为突破口，推动政府治理转型；以数字政府建设为抓手，提升政府治理能力。

数字政府建设将数字技术广泛应用于政府管理服务，为推进国家治理能力和治理体系化提供重要支撑，能够显著提高政府治理效能。我国已开启第二个百年征程，推进数字政府建设，不是程序化的数据共享，不是简单的平台搭建，而是通过数字技术实现再造行政流程，优化政府组织架构、优化服务供给。数字政府建设必须坚持以人民为中心，其成效最终要以公众的体验和感受来衡量，不断满足公众的获得感、幸福感、安全感。

（二）数字政府建设是全球数字秩序的重要内容

以大数据、云计算、人工智能为代表的现代信息技术迅猛发展，为政府部门广泛接收信息，打破"信息孤岛"和"职能孤岛"，促进信息交互、深化公共服务和社会治理场景应用奠定了技术基础，为数字政府建设提供了新的手段。但同时，数字技术也带来了前所未有的治理压力与挑战。例如，公众对公共治理参与需求快速上升；数字鸿沟等社会不平等现象加剧；个人隐私数据泄露问题频发；全球生态环境日益恶化；地缘政治紧张局势持续发酵等。面对这些内忧外患，传统治理模式已难以有效应对。近年来，快速迭代的互联网新技术不断拓展了国家治理和全球治理的领域和内容，并为其提供了支撑手段，被逐渐纳入政府的治理实践中去。①各国政府试图提供基于网络的解决方案和服务，以此推动实现政府现代化。数字政府已经成为全球治理体制变革的核心议题，成为世界各国的国家发展战略。

从全球范围的数字政府建设现状来看，绝大多数国家仍处于初级阶段，其中英美政府起步最早，具有较为明显的领先优势。美国于 2012 年 5 月率先发布了《数字政府：构建一个 21 世纪平台以更好地服务美国人民》的战略规划，提出了四个战略原则：以信息为中心、共享平台、以客户为中心以及安全和隐私。英国政府的"政府即平台"（Government as a Platform）理念极具革命性和前瞻性，被众多国家和研究者视为数字政府建设的可靠思路，引起了广泛探讨。"政府即平台"代表了一种新的模

---

① 参见戴长征、鲍静：《数字政府治理——基于社会形态演变进程的考察》，《中国行政管理》2017 年第 9 期。

式，不是指对当今政府体系进行渐进式改进，而是提出了一种新的构建数字公共服务的方式，即通过合作伙伴、供应商和公民社区的协作开发模式，共享和增强数字公共流程和能力，并为了社会的利益扩展这些流程和能力。澳大利亚、韩国等发达国家在数字政府建设方面也已取得了阶段性的成果。

此外，数字政府建设也引起了国际组织的广泛关注和高度重视。联合国、世界银行、经合组织纷纷发布了数字政府的实践框架与评估指数，以帮助各国充分利用信息和通信技术来制定合理的政府原则并实现政策目标。例如联合国发布的电子政务发展指数（E-Government Development Index，简称 EGDI），世界银行的政府科技成熟度指数（GovTech Maturity Index，简称 GMI），以及经合组织发布的数字政府政策框架（Digital Government Policy Framework）和数字政府指数（Digital Government Index，简称 DGI）。可以说，数字政府转型已然成为全球浪潮，被视为衡量一个国家综合实力和竞争力的重要指标。

四、中美欧社会治理新领域的探索与实践

（一）中国：健全监管制度　为资本设置"红绿灯"

互联网平台不仅成为人们日常生活的重要构成，也开始成为社会治理、国家治理乃至国际治理的全新焦点。对互联网平台而言，规模临界点是关键。2021 年 7 月 10 日，国家互联网信息办公室发布关于《网络安全审查办法（修订草案征求意见稿）》公开征求意见的通知。征求意见稿包括了"掌握超过 100 万用户个人信息的运营者赴国外上市，必须向

网络安全审查办公室申报网络安全审查"等内容。

2021年8月30日下午,习近平总书记主持召开中央全面深化改革委员会第二十一次会议,审议通过了《关于强化反垄断深入推进公平竞争政策实施的意见》。会议强调,要统筹发展和安全、效率和公平、活力和秩序、国内和国际,坚持监管规范和促进发展两手并重、两手都要硬,明确规则,划出底线,设置好"红绿灯",引导督促企业服从党的领导,服从和服务于经济社会发展大局,鼓励支持企业在促进科技进步、繁荣市场经济、便利人民生活、参与国际竞争中发挥积极作用。要加快健全市场准入制度、公平竞争审查机制、数字经济公平竞争监管制度、预防和制止滥用行政权力排除限制竞争制度等。

2021年10月29日,国家市场监督管理总局公布《互联网平台分类分级指南(征求意见稿)》《互联网平台落实主体责任指南(征求意见稿)》。其中按照用户规模等划分为超级平台、大型平台和中小平台三级。作为资本驱动而演进起来的数字时代的关键基础设施,互联网平台是一个正在深刻影响人类社会,甚至对人类经济、政治和文化产生颠覆性影响的关键性力量。互联网平台还在快速演进和发展之中,其发展带来的巨大红利和创新效应毋庸置疑,是人类数字文明进程的重要体现。但是,资本驱动下其本身固有的颠覆性与网络犯罪等破坏性、变革造成的社会负面影响以及传统制度不适应造成的各类挑战,都是平台治理的重中之重。

2021年12月召开的中央经济工作会议认为,进入新发展阶段,我国发展内外环境发生深刻变化,面临许多新的重大理论和实践问题,需要正确认识和把握。要正确认识和把握资本的特性和行为规律。社会主义市场经济是一个伟大创造,社会主义市场经济中必然会有各种形态的资本,要发挥资本作为生产要素的积极作用,同时有效控制其消极作用。

要为资本设置"红绿灯"，依法加强对资本的有效监管，防止资本野蛮生长。要支持和引导资本规范健康发展，坚持和完善社会主义基本经济制度，毫不动摇巩固和发展公有制经济，毫不动摇鼓励、支持、引导非公有制经济发展。[①]

（二）美国：强化数字战略　试图主导全球标准

2020年，美国国际开发署发布《数字战略　2020—2024》（Digital Strategy 2020—2024）。该战略基于两个主要目标，一是使用数字技术实现重大发展和人道主义援助；二是加强国家级数字生态系统的开放性，以此促进和实现国外的民主价值观，促进一个自由、和平与繁荣的世界。2021年，美国与欧盟成立"贸易和技术委员会"，旨在主导全球数字经济和技术标准以及数字治理模式。

2022年3月25日，美国和欧盟委员会宣布推出新的数据安全流动协议《跨大西洋数据隐私框架》（TransAtlantic Data Privacy Framework）。该框架将为欧盟数据向美国的转移重新建立一个重要的法律机制。美国已承诺实施新的保障措施，以确保情报活动在追求确定的国家安全目标时是必要的和相称的，这将确保欧盟数据的隐私，并为欧盟建立一个新的机制，如果他们认为自己是情报活动的非法目标，可以寻求补救。这项框架原则上反映了美国和欧盟持久关系的力量，将为大西洋两岸的公民提供重要的利益。对欧盟来说，该协议包括关于保护个人数据的新的、高标准的承诺。对大西洋两岸的公民和公司来说，该协议将使数据继续流动，而这些数据是每年超过1万亿美元的跨境贸易的基础，并将使各

---

① 《中央经济工作会议在北京举行》，《人民日报》2021年12月11日。

种规模的企业能够在彼此的市场中竞争。

（三）欧洲：构建数字愿景 积极塑造数字未来

尽管"欧洲一体化"为其带来了长达 70 余年的繁荣。但是，随着近年来欧盟内生焦虑和外在压力的全面深化，欧盟正积极寻求在全球结构性变革趋势中的未来定位。

《欧盟数字政府行动计划 2016—2020》（EU eGovernment Action Plan 2016—2020）是通过电子政务实现整个欧盟公共行政的现代化，数字工具和创新作为数字公共服务和技术发挥作用。该行动计划强调在电子政务中使用数字技术"支持行政流程，提高服务质量，提高公共部门内部效率"。该行动计划以之前的 2011—2015 年行动计划为基础，更加注重电子政务的大规模实施。通过一系列拟议的政策优先事项和行动，该行动计划建议创新方法和数字技术"用于根据公民和企业的需求设计和提供更好的服务"。

2020 年 2 月，欧盟委员会发布 3 份旨在建立和维护欧盟技术主权的网络战略文件，即《塑造欧洲的数字未来》（Shaping Europe's Digital Future）、《人工智能白皮书》（The White Paper on Artificial Intelligence）和《欧洲数据战略》（European Data Strategy）。其中，技术主权的主要内涵包括：提升欧盟在与数字经济发展密切相关的数据基础设施和网络通信等领域的关键能力和关键技术独立自主的权力，以减少对外部的依赖。

2021 年 3 月 9 日，欧盟委员会正式发布《2030 数字罗盘：欧洲数字十年之路》（2030 Digital Cowpass：the European Way for the Digital Decade），以 2030 年欧盟数字战略为基础，对 2030 年欧盟数字愿景予以量化阐述。欧盟委员会希望借助这一计划，在一个开放和互联的世界中加强本地区的数字主权，并推行数字政策，构筑一个以人为中心、可持续、更繁荣的数字未来。这份文件是欧盟制定本十年数字政策的一份重要战略文件，它强调了数字化理念确立的重要性，注意到使用数字空间的脆弱性和风险，突出了虚假信息和对非欧洲技术的依赖。然而，它并没有提到建设一个真正的数字社会这一更紧迫的挑战。

　　数字治理塑造着现实世界的秩序和格局，但同时，数字治理仍处于初级阶段，治理主体、治理议题、治理机制等治理要素还在不断完善中，治理规则中国家和非国家行为体的利益重叠加深，地缘政治因素加剧，治理规则的主导权争夺日益激烈。在不确定的年代如何重塑确定性，如何尽快找到数字时代人类安身立命的"定海神针"，已成为当下人们最迫切的事情。

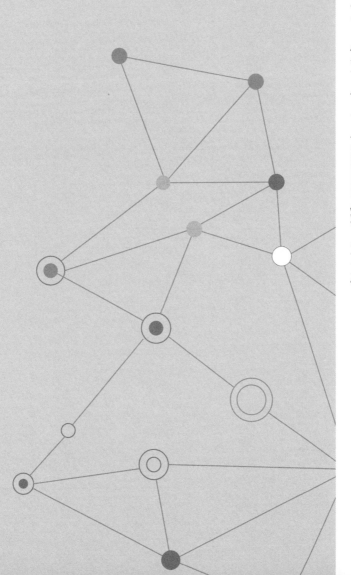

第六章　塑造风清气正的网络生态

2021 年 11 月 19 日，习近平总书记在致首届中国网络文明大会的贺信中指出："近年来，我国积极推进互联网内容建设，弘扬新风正气，深化网络生态治理，网络文明建设取得明显成效。要坚持发展和治理相统一、网上和网下相融合，广泛汇聚向上向善力量。各级党委和政府要担当责任，网络平台、社会组织、广大网民等要发挥积极作用，共同推进文明办网、文明用网、文明上网，以时代新风塑造和净化网络空间，共建网上美好精神家园。"[①]

随着数字技术的不断进步、数字经济的不断发展、数字社会日益繁荣，诞生了新的数字文明。数字文明不仅带来新技术、新理念、新观念、新模式，更对社会生产、人类生活、经济形态、国家治理等方面产生深远影响。因此，只有坚持以人为本、维护公平法治，数字才能得以彰显出新时代"文明"二字的真正内涵。

一、共同携手迈进数字文明新时代

（一）数字文明是人类社会新征程

数字文明是伴随互联网发展而产生的新文明形态，是现代社会文明进步的重要标志。数字文明和网络文明关系密切，数字文明是网络文明的基础架构和基本特征，数字文明往何处去，有赖于网络文明建设的理念塑造、价值引领和制度规范。

[①] 《广泛汇聚向上向善力量　共建网上美好精神家园》，《人民日报》2021年 11 月 20 日。

因此，加强网络文明建设，成为加快建设数字化强国、全面建设社会主义现代化国家的重要任务。网民是网络文明体系的核心参与者与见证者，党的十八大以来，习近平总书记多次在重要工作部署中提及网络文明建设问题，内容涵盖信息核心技术突破、网络舆论工作布局、网络安全观树立、网络空间综合治理以及网络文化繁荣发展等多个维度，形成了相对体系化的意见指示和综合论述。这些意见指示和综合论述根植于中国网络文明建设实际，是我国加强网络文明建设工作的根本指南，势必对我国乃至人类社会的网络文明建设产生深远影响。[①]

网络文明建设作为新形势下数字文明的重要内容，是推动社会进步的关键因素和重要手段，以人民为中心的价值取向，体现了网络文明建设的"主体"思维。这种思维是内外结合、双线并行的，不仅强调积极应对外部威胁与挑战，更强调内部网络生态系统的健康发展：即对外要在开放交流的同时建立长效防护保障机制，提高防范化解重大风险的能力；对内则要与第二个百年奋斗目标协同推进，做好各方面各领域的战略部署。

习近平总书记向 2021 年世界互联网大会乌镇峰会致贺信指出："中国愿同世界各国一道，共同担起为人类谋进步的历史责任，激发数字经济活力，增强数字政府效能，优化数字社会环境，构建数字合作格局，筑牢数字安全屏障，让数字文明造福各国人民，推动构建人类命运共同体。"[②]这是我国国家领导人首次以"文明"去定义数字生活，定义数字未来。

---

① 参见宫承波、王伟鲜：《习近平关于网络文明建设重要论述的核心内容与价值取向——基于内容分析视角的探讨》，《当代传播》2022 年第 1 期。

② 《习近平向 2021 年世界互联网大会乌镇峰会致贺信》，《人民日报》2021 年 9 月 27 日。

当前，全球已进入数字时代，我国的数字化转型进程持续深化，正加速从"网联"向"物联""数联""智联"跃迁，给政府宏观调控、企业生产制造、社会综合治理等方面带来深刻影响。数字文明是全球合作的结果，是数字生活的共享，是数字向善的过程，是在数字技术推动下有别于工业文明的人类发展新进程，是全球参与、全民共享、技术向善的总和。构建数字合作格局，筑牢数字安全屏障，努力让数字文明造福各国人民，是人类发展新进程的必修课题。

（二）多利益相关方模式

符合时代需求的网络治理模式是构建数字合作格局、优化网络文明生态的基本框架。过去，我国乃至全球网络治理模式属于"多利益相关方模式"，该模式在不同的历史时期被赋予了不同的内涵。

20 世纪 90 年代以前，碍于早期互联网的技术限制，互联网未被普及，网络治理模式属于相对单一的以技术为核心的网络自治模式，该模式反映出技术决定论的特征，由科研技术人员在国家支持下进行网络技术方面的探索。

20 世纪 90 年代后，随着技术水平的提高，网络治理模式自发形成了以科技社群和商业力量等多利益相关方共同参与的"多利益相关方模式"。

2003 年，信息社会世界峰会日内瓦会议确认了"互联网的国际治理必须是多边的、透明和民主的，并有政府、私营部门、民间团体和国际组织的充分参与"，同时也强调了该治理模式的原则，即"确保所有利益相关方均能有机会参与那些对他们产生影响的政策决定的制定，同时保持语言的多样性"。

2013 年 10 月，全球各大组织中负责互联网技术基础设施协调的相关领导人在蒙得维的亚发表声明，号召加快互联网名称与数字地址分配机构（ICANN）和互联网号码分配机构（IANA）的国际化进程，呼吁使包括各国政府在内的所有利益主体均能平等参与的平台能够加快落成。

目前，各方对"多利益相关方模式"（Multi-stakeholder）的理解并不一致：国际互联网协会（ISOC）认为，多方模式并不是单一的模式，也不是唯一的解决方案，而是一系列基本原则，例如包容和透明，共同承担责任，有效的决策和执行；互联网名称与数字地址分配机构则认为，多方模式是"一种组织治理或者政策制定的组织架构"，其目标在于让所有受到治理和政策制定影响的利益相关方共同合作，参与对特定问题和目标的对话、决策和执行。

虽然各方对多方模式的认识有所不同，但过去该模式下的各利益相关方如政府、私营单位、技术社群以及各社会团体等各方互联网治理主体之间均是以一种松散的结构在实际运行，表现出来的状态是以技术进步为推动力。尤其是欧美国家以市场经济为发展力，盛行以政府为"守夜人"的运行机制。在这一机制下，假新闻和假消息、网络暴力与网络霸凌等问题成为网络空间治理不得不面对和解决的重要课题。

（三）假新闻和误导性信息

假新闻（Fake News）是指假借新闻报道形式传播的错误虚假、耸人听闻的信息。假新闻在性质上是相对（真实）新闻存在的一个概念，描述的是在形式上、姿态上完全具备新闻的特征，但实质上是没有任何客观事实根源的"新闻"，即假新闻依据的"新闻事实"是想象、臆造、捏造的产物。"在其'纯粹'的形式中，假新闻完全不包括一点事实"①。从定义及作用机制来看，假新闻与谣言极为接近，如果说网络谣言是在互联网上传播的谣言，那么假新闻就是由新闻媒体传播的谣言。这样看来，假新闻更像是网络谣言的升级版，并且更有说服力。当然，网络谣言要假以"新闻"传播，要升级为假新闻，必须经过主流媒体（如传统媒体、主流网站、新闻 App 等）的报道才可实现。一般来讲，假新闻的成因主要在于一些媒体为抢时效、片面求快，不注重调查核实新闻内容来源所致；也有一些假新闻带有政治因素，比如国外某些主流媒体为了攻击敌对政党而故意编造的假新闻。但是，网络谣言不可能全部升级为假新闻，而假新闻一定属于谣言的范畴。

误导性信息（Disinformation）是指政府机构故意发布的不实信息。政府之所以会发布不实消息，与其特定的管理情景相关。例如，当西方政府对社会热点舆论事件进行回应时，必须要在公开和不公开中作出抉择。根据诸多已经发生的事件证明，在事件爆发的初期，政府通常都会本能地趋向于选择不公开事实以避免自身利益受损，但是，不公开事实会令政府承受巨大社会舆论压力，因此，为了在利益和压力之间找到平衡点，政府会策略性地发布一些不实消息。这时，虽然虚假消息的根源在于政府出于对自身稳定性的考虑，但某种程度上却忽视了民众的权益。

（四）网络暴力与网络霸凌

网络暴力（Cyberviolence）指的是通过电子通信技术（如智能手机、电脑和其他数字设备）发送、发布或共享意图伤害或羞辱某人的负面、

---

① 杨保军：《假新闻、失实新闻内涵辨析》，《今传媒》2008 年第 3 期。

有害或恶意的内容。具体而言，它是对一个人的身体、心理或情感健康进行刑事或非刑事攻击及可能导致攻击的在线行为。它可以由个人或团体完成，并在网络上通过手机、电脑等设备，在软件聊天窗口、社交网站或网络游戏等网络具象生态内进行。尽管网络暴力发生在线上环境内，但它会影响线下的人，并产生严重的现实影响。

网络霸凌（Cyberbullying）即在网络空间内，通过网络接入、数据传播对他人实施霸凌。它可以在社交媒体、短信平台、游戏平台和手机上进行，是一种反复的行为，旨在吓唬、激怒或羞辱被攻击的人。例如：在社交媒体上散布关于某人的谎言或发布令人尴尬的照片或视频；通过消息平台发送伤害性、辱骂性或威胁性消息、图像或视频；冒充他人并代表他人或通过虚假账户向他人发送恶意信息。面对面霸凌和网络霸凌经常会同时发生，但网络霸凌留下了数字足迹——这一痕迹可以被用以帮助阻止类似情况继续发生，当记录来源合法时，亦可作为呈堂证供，帮助受害者维护自身合法权益。

二、风清气正是网络文明建设的理念塑造与价值引领

网络空间是亿万民众共同的精神家园，网络空间天朗气清、生态良好，符合人民利益。我国政府在新时代注重网络文明建设的理念塑造与价值引领，有助于解决"多利益相关方模式"下产生的风险隐患。

近年来，中央网信办、中央文明办会同各地各部门认真学习贯彻习近平总书记关于网络强国的重要论述，把网络文明建设作为社会主义精神文明建设和网络强国建设的重要任务，在网络文明建设当中，始终坚持以高起点谋划、高标准推进、高水平实施，推动新时代网络文明建

设取得了显著的成效。具体体现在：一是顶层设计逐步完善。印发了《关于加强网络文明建设的意见》和《关于加强网络文明建设的实施方案》。创办了中国网络文明大会，搭建交流展示的平台。二是网上宣传走深走实。推动党的创新理论入脑入心，精心做好网上重大主题宣传，深入实施中国正能量"五个一百"网络精品工程，推进"阳光跟帖"行动，提升全社会网络文明素养。三是网络文化不断繁荣。深化网上党史学习教育，丰富网络文学、网络影视剧、网络动漫等精品文化产品的供给，实施争做中国好网民工程，精心打造"网络中国节"，提升网络文化公共服务的质量。四是道德建设持续拓展。广泛开展劳动模范、时代楷模、道德模范等典型事迹的网上宣传，加快推进"互联网＋公益"的新模式，从而推动形成了崇德向善、见贤思齐的网络文明环境。五是网络生态明显优化。制定出台了一系列管网治网的制度规范，不断加强互联网行业自律，创新开展了一些网络素养教育活动，特别是着力加快完善网络综合治理体系，推动网络治理由事后管理向过程治理、多头管理向协同治理转变。特别这几年我们持续开展"清朗"系列专项整治行动，每年围绕群众关注度非常高、反映非常强烈的突出问题，持续深入地开展专项治理，取得了扎扎实实的效果。

党的十八大以来，习近平总书记高度重视网络生态建设，强调要营造一个风清气正的网络空间。

2013年8月19日，习近平总书记在全国宣传思想工作会议上的讲话时提出要解决好"本领恐慌"问题，真正成为运用现代传媒新手段新方法的行家里手，呼吁要严密防范和抑制网上攻击渗透行为，重视网络舆论斗争；要加强技术及应用管理，做好网络社会管理，确保网络生态可管可控，使网络空间清朗起来——"这项工作不容易，但再难也要做"①。

2014年2月27日，习近平总书记主持召开中央网络安全和信息化领导小组第一次会议并发表重要讲话，呼吁要弘扬主旋律，激发正能量，运用网络传播规律，创新线上宣传方式，大力培育和践行社会主义核心价值观，把握好网上舆论引导的时、度、效，使网络空间清朗起来，并指出"做好网上舆论工作是一项长期任务"②。

2016年4月19日，习近平总书记在网络安全和信息化工作座谈会上的讲话时提出，要对社会负责、对人民负责，加强网络内容建设，培育积极健康、向上向善的网络文化，为广大网民特别是青少年营造一个风清气正的网络空间——"谁都不愿生活在一个充斥着虚假、诈骗、攻击、谩骂、恐怖、色情、暴力的空间"③。

2019年9月18日，习近平总书记在河南考察时强调要推动文化繁荣兴盛，传承、创新、发展优秀传统文化，严格落实意识形态工作责任制，推进媒体融合向纵深发展、建设全媒体，更加注重网络内容建设——"让网络空间正气充盈"④。

2020年2月3日，习近平总书记在中央政治局常委会会议研究应对

---

① 中共中央党史和文献研究院编：《习近平关于网络强国论述摘编》，中央文献出版社2021年版，第51—52页。

② 中共中央党史和文献研究院编：《习近平关于网络强国论述摘编》，中央文献出版社2021年版，第63页。

③ 中共中央党史和文献研究院编：《习近平关于网络强国论述摘编》，中央文献出版社2021年版，第71页。

④ 《坚定信心埋头苦干奋勇争先　谱写新时代中原更加出彩的绚丽篇章》，《人民日报》2019年9月19日。

新型冠状病毒肺炎疫情工作时的讲话提出，要把控好整体舆论导向，推动落实主体、主管和监管，加强跟踪研判，主动发声、正面引导，强化融合传播和交流互动——"让正能量始终充盈网络空间"①。

2021 年习近平总书记在世界互联网大会乌镇峰会致贺信指出，数字技术以新理念、新业态、新模式全面融入人类经济、政治、文化、社会、生态文明建设的新时代——"构建数字合作格局，筑牢数字安全屏障，让数字文明造福各国人民"②。

2021 年 11 月 19 日，习近平总书记致信祝贺首届中国网络文明大会召开时强调，网络文明是新形势下社会文明的重要内容，是建设网络强国的重要领域。要强化党委和政府担当，坚持发展和治理相统一、网上和网下相融合，广泛汇聚向上向善力量，发挥民众积极作用，共同推进文明办网、文明用网、文明上网——"以时代新风塑造和净化网络空间，共建网上美好精神家园"③。

党的十八大以来，我国扎实推进网络文明建设，网络空间正能量更加充沛，法治保障更加有力，生态环境更加清朗，文明风尚更加彰显，全社会共建共享网上美好精神家园的新格局正在形成。

---

① 中共中央党史和文献研究院编：《习近平关于网络强国论述摘编》，中央文献出版社 2021 年版，第 85 页。

② 《习近平向 2021 年世界互联网大会乌镇峰会致贺信》，《人民日报》2021 年 9 月 27 日。

③ 《广泛汇聚向上向善力量　共建网上美好精神家园》，《人民日报》2021 年 11 月 20 日。

三、共同点亮全球数字文明新征程

（一）提高数字素养 共建共享网上美好精神家园

数字文明以数据为中心，形成了以 5G、大数据、人工智能、云计算、区块链等数字技术为基础的新技术框架，全民数字素养与技能则是数字文明的一项重要保障措施。近年来，我国提升数字素养与技能取得显著成就。《全民数字素养与技能发展研究报告（2022）》指出，全民全生命周期数字素养与技能持续提升；企业员工、农民、新兴职业群体、公务员等不同职业群体数字素养与技能稳步提高；弱势群体数字素养与技能水平加速提升；数字资源供给持续丰富；数字素养与技能基础保障不断夯实。中国互联网络信息中心（CNNIC）于 2023 年 8 月 28 日在京发布第 52 次《中国互联网络发展状况统计报告》，报告指出，截至 2023 年 6 月，我国至少掌握一种初级数字技能的网民占网民整体的比例为 86.6%；至少掌握一种中级数字技能的网民占网民整体的比例为 60.4%，较 2022 年 12 月增长 2.1 个百分点。此外，在掌握初级技能的网民中，至少熟练掌握其中一种的网民占比为 21.6%，与 2022 年 12 月相比实现小幅增长。

在制度建设上，数字政府、数字治理不断深入发展，大数据、人工智能等数字技术不断迭代升级，为了进一步提高全民全社会数字素养和技能、夯实我国数字经济发展社会基础，新的制度规范体系正在快速形成。

2001 年 11 月 22 日，共青团中央、教育部、文化部、国务院新闻办公室、全国青联、全国学联、全国少工委、中国青少年网络协会联合召开网上发布大会，向社会正式发布《全国青少年网络文明公约》，提出"青年人是互联网生活的主力军"，要以青年人为突破口，加强网络文明、网络安全宣传，增强网民法律意识，提高网民自觉性，营造网络文明人人有责、人人参与的良好氛围。

2018年，由国家发展改革委等19部门联合印发的《关于发展数字经济稳定并扩大就业的指导意见》明确提出，"到2025年，伴随数字经济不断壮大，国民数字素养将达到发达国家平均水平"，为应对快速发展的数字经济，呼吁提升全民全社会数字素养和技能。

2021年8月27日，中央网信办发布《关于进一步加强"饭圈"乱象治理的通知》对"明星饭圈"乱象重拳出击，提出取消明星艺人榜单、优化调整排行规则、严管明星经纪公司等十项措施。

2021年8月30日，《关于防止未成年人沉迷网络游戏的通知》提出了加强未成年人网络游戏准入时间限制、进一步落实账号实名注册登录要求、加强付费交易规范、提高监督检查频次、从严依法依规处理等意见措施，要求家庭要依法履行未成年人监护职责，与学校一同引导未成年人形成良好的网络使用习惯、加强未成年人网络素养教育，注意防止由网络游戏沉迷引发的一系列问题。

2021年11月5日，中央网络安全和信息化委员会印发《提升全民数字素养与技能行动纲要》指出：提升全民数字素养与技能，是顺应数字时代要求，提升国民素质、促进人的全面发展的战略任务，是实现从网络大国迈向网络强国的必由之路，也是弥合数字鸿沟（即减轻人们与数字科技之间的距离感）、促进共同富裕的关键举措。

2022年4月8日，为加强互联网信息服务算法综合治理，有效推动

《互联网信息服务算法推荐管理规定》落地见效，中央网信办牵头开展"清朗·2022年算法综合治理"专项行动，并于4月15日起，开展了为期两个月的"清朗·整治网络直播、短视频领域乱象"专项行动。

（二）依法治网办网　让正能量始终充盈网络空间

党的二十大报告强调："健全网络综合治理体系，推动形成良好网络生态。"[①]网络内容治理既是互联网治理的重要组成部分，也是国家治理的新领域。近年来，有关部门积极推进网络内容建设，深入开展网络综合治理，网络空间内容生态建设成果显著，网络空间正能量更加充沛。具体包括：重大主题宣传成效显著，理论传播平台不断拓展；内容传播空间拓展，网络视听等媒介形态创新迭代；网络治理强力监管，共建共治共享格局逐渐形成。[②]在各方共同努力下，我国网络生态日渐清朗，亿万人民群众在网络空间享有更多获得感、幸福感、安全感。从治理理念的进一步明确、法律法规的不断完善，到行动实践的持续展开、社会力量的积极动员，我国网络内容治理制度建设趋于完善。

早在2000年，我国就出台了一系列网络内容管理方面的法规作为网络内容管理的主要依据。2000年9月20日，国务院出台《互联网信息服务管理办法》，对网络服务商的责任提出了具体要求。要求网络信息服务商记录提供的信息内容及发布时间、网址、域名网络接入服务商记录上

---

① 习近平：《高举中国特色社会主义伟大旗帜　为全面建设社会主义现代化国家而团结奋斗——在中国共产党第二十次全国代表大会上的报告》，人民出版社2022年版，第44页。

② 参见黄楚新：《我国网络空间内容生态的发展特征与治理进路》，《国家治理》2022年第22期。

网用户的上网时间、用户账号、互联网地址或域名、主叫电话号码等信息。对违法违宪危害国家安全、损害国家利益引发民族矛盾、破坏宗教政策破坏社会稳定、扰乱社会秩序如造谣、侮辱、诽谤、色情、暴力等9类信息进行严格禁止。同年10月8日，国务院新闻办与信息产业部出台《互联网站从事登载新闻业务管理暂行规定》，再次强调对9类违法信息的严厉禁止，且加强了对网络信息源的控制，要求对商业网站的新闻发布进行严格的资格审查，并申明通过发布资格审查并不意味着具有新闻采访权。同日，信息产业部出台了《互联网电子公告服务管理规定》，对电子公告服务商提出了明确的责任要求，对其内容服务进行了类别规定，要求服务商加强对9类违法信息的自我审查，如有发现必须及时删除并向有关机关报案，且信息记录备份须保持60天。

2017年5月，《互联网新闻信息服务管理规定》（以下简称《规定》）经国家互联网信息办公室室务会议审议通过后公布，自2017年6月1日起施行。《规定》对互联网新闻信息服务提供者主要是从强化主体责任的角度进行了规定，把对公民和法人合法权益的保护作为重点内容之一。

2019年11月，为促进网络音视频信息服务健康有序发展，保护公民、法人和其他组织的合法权益，维护国家安全和公共利益，国家互联网信息办公室、文化和旅游部、国家广播电视总局制定《网络音视频信息服务管理规定》并印发给各省、自治区、直辖市网信办、文化和旅游厅（局）、广播电视局，新疆生产建设兵团网信办、文化体育广电和旅游局，明确界定了网络音视频信息服务以及服务提供者和使用者的概念，规定了网络音视频信息服务监督管理机制和相关主体责任。

2019年12月，《网络信息内容生态治理规定》（以下简称《治理规定》）经国家互联网信息办公室室务会议审议通过后公布，自2020年3

月 1 日起施行。《治理规定》全文八章四十二条，坚持系统治理、依法治理、综合治理、源头治理，系统规定了网络信息内容生态治理的根本宗旨、责任主体、治理对象、基本目标、行为规范和法律责任，为依法治网、依法办网、依法上网提供了明确可操作的制度遵循。

2022 年 1 月 4 日，国家互联网信息办公室、工业和信息化部、公安部、国家市场监督管理总局联合发布《互联网信息服务算法推荐管理规定》（以下简称《管理规定》），自 2022 年 3 月 1 日起施行。国家互联网信息办公室有关负责人表示，出台《管理规定》旨在规范互联网信息服务算法推荐活动，维护国家安全和社会公共利益，保护公民、法人和其他组织的合法权益，促进互联网信息服务健康发展。这是我国第一部以算法作为专门规制对象的部门规章，具有重要时代意义。

2022 年 3 月 30 日，国家互联网信息办公室、国家税务总局、国家市场监督管理总局联合印发《关于进一步规范网络直播营利行为促进行业健康发展的意见》，着力构建跨部门协同监管长效机制，加强网络直播营利行为规范性引导，鼓励支持网络直播依法合规经营，促进网络直播行业在发展中规范，规范中发展。

（三）强化内容治理　保障全球网络空间安全有序

随着互联网的快速发展，网络已成为人们日常生活中不可或缺的重要组成部分，深刻地改变着人们的生活方式、行为方式和价值观念。在网络文明逐步形成的过程中，互联网在带给人们快捷、方便的同时，也带来了挑战。自 2016 年以来，西方国家对网络空间内容治理态度发生显著变化。各国政、企双管齐下密集推出行政处罚、设立监管机构、税收调节、发布治理指南等治理举措。

全球网络空间内容治理在打击虚假新闻、限制暴恐言论、推进数字版权保护等领域行动较为频繁。①2016 年，虚假新闻开始在全球范围内大规模泛滥，对许多国家的国家安全造成不同程度的危害，且至今未得到有效遏制。由此，通过立法坚定打击虚假新闻的国家队伍愈发壮大：2020 年初俄罗斯下议院通过了对《俄罗斯联邦行政处罚法》第 13、15条的修正案，规定在大众媒体和互联网上以"可靠信息"为幌子传播"不真实的社会性重要信息"将受到行政处罚；美国参议院通过了《2019 年深度伪造报告法案》（Deepfakes Report Act of 2019）以解决深度伪造视频问题，美国两党参议员还共同提出一项《过滤气泡透明度法案》（Filter Bubble Transparency Act），试图迫使大型在线平台提升使用算法进行内容共享行为的透明度；新加坡政府审议通过了《防止网络虚假信息和网络操纵法案》（Protection from Online Falsehoods and Manipulation Act，POFMA），赋予新加坡政府在打击网络虚假信息方面更多权力；欧盟出台《反对虚假信息行为准则》（Code of Practice Against Disinformation），加大对社交媒体平台的监管，且欧盟网络与信息安全局（ENISA）重点提出了"成员国通过立法，应对网络虚假信息的风险"的建议。

自美国"9·11"事件爆发以来，防范和打击恐怖主义分子利用互联网传播恐怖和暴力信息就逐渐成为全球内容治理的重点之一。加拿大政府推出了《数字宪章》（Digital Charter），通过罚款来打击假新闻。《数字宪章》提出"远离仇恨和暴力极端主义"原则。二十国集团领导人大阪峰会，发布了一份《关于防止利用互联网从事恐怖主义和暴力极端主义

① 参见戴丽娜：《2019 年全球网络空间内容治理动向分析》，《信息安全与通信保密》2020 年第 1 期。

活动的声明》文件。该文件强调保护公民安全，打击恐怖主义势力是国家政府的重要职责，各国政府有责任加强与网络平台的合作，审核网络内容，防止恐怖主义势力利用网络进行恐怖主义活动。2019年，澳大利亚政府通过《刑法修正案》禁止传播暴力恐怖视频。

近年来，俄罗斯、新加坡、加拿大、美国等国相继通过了与虚假信息治理相关的法规。2022年3月17日，英国议会接受了《在线安全法案》（Online Safety Bill）的提交。《在线安全法案》中规定了一系列与互联网信息有关的安全规则，并赋予英国议会权力来批准哪些类型的信息属于"合法但有害"的内容而需要平台立即处理。《在线安全法案》是英国政府努力建立对用户更安全的新数字时代的里程碑，它要求科技巨头在合规的情况下承担内容审查责任，保护儿童免受色情等有害内容的影响，限制人们接触那些有害的内容，同时保护言论自由。该法案的实施，会使互联网用户离更安全的网络环境又近一步。

数字文明的背面，是新型数字战争。欧美在网络干预问题上的双重标准将长期存在。从总统竞选，到更早的"剑桥门"事件，西方借助互联网干扰世界各国大选的"颜色革命"，一直维护干预的合法性。

（四）严格遏制乱象　让网络空间清朗与文明起来

1. 网络游戏障碍与成瘾的治理

随着我国互联网普及化程度不断加深，用户受众逐渐向未成年人倾斜。网络游戏在某种程度上已经成为一种日常生活，人们通过网络游戏获得他人关注的渴求不断提升。

游戏障碍与游戏成瘾是两个不同的概念。2018年6月18日，世界卫生组织发布的第11版《国际疾病分类》手册（International Classification of Diseases，ICD-11）中，在行为成瘾障碍下增加了游戏障碍（Gaming Disorder，GD），并明确提出成瘾对象为电子游戏。2019 年 5 月 25 日，世界卫生组织正式将"游戏障碍"认定为一种疾病，并将其纳入《国际疾病分类》第 11 次更新版本中"由成瘾行为而导致的障碍"分类中。世卫组织对"游戏障碍"的定义是：一种持续或反复出现的游戏行为模式，并伴有控制力受损和功能丧失，即因持续游戏行为而伴随出现的"个人控制使用精神活性物质的能力下降或完全丧失"现象，具体而言，就是患者的认识、情感、意志、动作行为等心理活动出现持久明显的异常，不能正常的学习、工作、生活。

游戏成瘾（Game Addiction）的概念源于网络成瘾（Internet Addiction），网络游戏高度沉迷有别于网络游戏成瘾。网络游戏"成瘾"就程度而言高于"高度沉迷"，因为高度沉迷的特征是频繁游戏，而成瘾除了具备高度沉迷的特征之外，更有过度游戏的危害性表征。在行为表现上伴随着社交行为退缩、矛盾抵触和戒除游戏困难等。

据《2021 年全国未成年人互联网使用情况研究报告》显示，2021 年中国未成年网民规模达 1.91 亿，未成年人互联网普及率达 96.8%。随着我国互联网使用日益低龄化、便捷化，未成年人沉迷网络游戏情况日渐增多。

2005 年 8 月，新闻出版总署出台了全国首个"网络游戏防沉迷系统"开发标准，该标准定义使用者累计 3 小时以内的游戏时间为"健康"游戏时间。定义使用者在累计游戏 3 小时后，再持续下去的游戏时间为"疲劳"游戏时间，此间游戏收益将为正常值的 50%；超过 5 小时为"不健康"游戏时间，玩家收益为零。该系统通过有效控制使用者的在线时间，改变玩家对网络游戏的依赖，从而改变不利于身心健康的不良游戏习惯。

"网游防沉迷系统"于 2005 年 10 月 20 日开始运行。推出系统是为了防止游戏中存在的"沉迷"现象，防止玩家不分昼夜地沉浸在网络游戏世界中。但系统运行的实际效果与推广者的意图存在一定差距，众多玩家们在"防沉迷"系统面前，已找到了"拆招"的秘诀。

2021 年 6 月施行的新版《中华人民共和国未成年人保护法》列有"网络保护"专章，第七十四条规定网络产品和服务提供者不得向未成年人提供诱导其沉迷的产品和服务，第六十八条规定新闻出版、教育、卫生健康、文化和旅游、网信等部门都负有对未成年人沉迷网络开展宣传教育，监督网络服务者预防未成年人沉迷网络的义务。8 月 31 日，国家新闻出版署下发《关于进一步严格管理切实防止未成年人沉迷网络游戏的通知》，要求进一步严格管理措施，防止未成年人沉迷网络游戏。

最大程度遏制网游对未成年人的负面影响，是网络时代的一个世界性难题。解决这一难题不可能一蹴而就，也无法靠某一项举措就"高枕无忧"。这需要社会各个部门拿出真诚的态度，出台切实可行的措施，为未成年人沉迷网络游戏构筑牢固的防火墙。移动互联网时代的突出特征使未成年人的成长环境高度复杂化了，仅仅依靠传统的家庭和学校已经很难发挥作用，保护未成年人免于互联网侵害必须通过国家立法及强监管政策来实现。相关企业的短期经济利益必须让位于保护未成年人的健康成长。

2. 短视频与网络直播乱象治理

2021 年，中央网信办协同有关部门，全年累计清理违法和不良信息 2200 多万条，处置账号 13.4 亿个，封禁主播 7200 余名。2022 年，针对网络直播和短视频领域存在的问题，相关部门从严整治激情打赏、高额打赏、诱导打赏，特别是诱导未成年人打赏的行为，全面整治劣迹艺人违规复出、被封账号违规"转世"。

在 21 世纪移动互联网短视频平台高速发展的网络新时代下，条例模糊、倾向事后、视角单一的治理模式已经不能应对当下短视频平台的新发展趋势。国家应作为"调控的手"，平台则应充当"行动的手"，用户应该作为"推动的手"，发挥政府、企业和民众等各方的治理力量，结合现有多利益相关方的治理模式，使短视频平台的网络治理既有国家画定红线，又有平台主体维护权限，还有网络加强自觉。与此同时，制定规制的目的并非为了限制，而是为了促进其有序发展。制定规制要把握好规制的"度"，要跳出"一放就乱，一管就死"的怪圈。①

2019 年 1 月，中国网络视听节目服务协会发布《网络短视频平台管理规范》与《网络短视频内容审核标准细则》两个行业规范，明确了内容先审后播、优先推荐正面内容、积极引入主流媒体和党政军机关团体账户、建立总编辑内容管理负责制度和审核员队伍。2021 年 11 月 29 日，文化和旅游部办公厅发布《关于加强网络文化市场未成年人保护工作的意见》，明确指出严管严控未成年人参与网络表演，并对借助未成年人积累人气、谋取利益的直播间或者短视频账号，或者利用儿童模特摆出不雅姿势、做性暗示动作等吸引流量、带货牟利的账号依法予以严肃处理。这些文件的出台，标志着对短视频内容的治理从运动式向常态化的过渡。②

---

① 参见吕鹏、王明漩：《短视频平台的互联网治理：问题及对策》，《新闻记者》2018 年第 3 期。

② 参见曹钺、曹刚：《作为"中间景观"的农村短视频：数字平台如何形塑城乡新交往》，《新闻记者》2021 年第 3 期。

2022 年"清朗"系列专项行动共有 10 个方面的重点任务，具体包括：打击网络直播、短视频领域乱象；MCN 机构信息内容乱象整治；打击网络谣言；2022 年暑期未成年人网络环境整治；整治应用程序信息服务乱象；规范网络传播秩序；2022 年算法综合治理；2022 年春节网络环境整治；打击流量造假、黑公关、网络水军；互联网用户账号运营专项整治。

在打击网络谣言专项行动方面，全面清理涉及政治经济、文化历史和民生科普等领域的谣言信息，打上标签、做出明示；压实网站平台主体责任，对敏感领域、敏感事件产生的各种信息加强识别；对影响大、传播广的无权威来源的信息及时查证；建立溯源机制，对首发、多发、情节严重的平台和账号，严肃追究相关责任；建立健全治理网络谣言工作机制。

在互联网用户账号运营专项整治行动方面，坚决处置假冒、仿冒、捏造党政军机关、企事业单位、新闻媒体等组织机构名称、标识等以假乱真、误导公众的账号；依法从严处置利用时政新闻、社会事件等"蹭热点"，借势进行渲染炒作的账号，发布"标题党"文章煽动网民情绪、放大群体焦虑的账号；强化网络名人账号异常涨粉行为管理，严格清理"僵尸"粉、机器粉，坚决打击通过雇用水军、恶意营销等方式的非自然涨粉行为，确保粉丝账号身份真实有效。

（五）智能鸿沟崛起　共迎数字鸿沟新范式新挑战

数字鸿沟（Digital Divide），是指在全球数字化进程中，不同国家、地区、行业、企业、社区之间，由于对信息、网络技术的拥有程度、应用程度以及创新能力的差别，造成的信息落差及数字科技距离感。

1995 年，"数字鸿沟"一词首次在美国《洛杉矶时报》（Los Angeles

Times）上被使用，随即出现于美国商务部国家电信和信息管理局的官方出版物中。之后，数字鸿沟概念传播到欧洲和世界其他地区，并在2000年确立了其在社会和学术议程上的牢固地位。

克林顿政府时期的美国国家电信和信息管理局（NTIA）将数字鸿沟定义为，能与不能使用计算机和互联网的人之间的差距。经济合作与发展组织（OECD）提出，数字鸿沟定义是不同社会经济层面的个人和家庭在获取或使用信息和通信技术的机会方面的划分，最常见的定义即有能力接入和使用数字媒体的人与没有能力接入和使用数字媒体的人之间的划分。

随着数字传播驱动社会信息传播机制的阶段层级转变，数字鸿沟也基本同步地经历了特性鲜明的三种层级（见图6—1），即从最初也是最常见的接入鸿沟（数字鸿沟1.0），到网络使用的素养鸿沟（数字鸿沟2.0），再到智能时代以数据为核心的智能鸿沟（数字鸿沟3.0）。

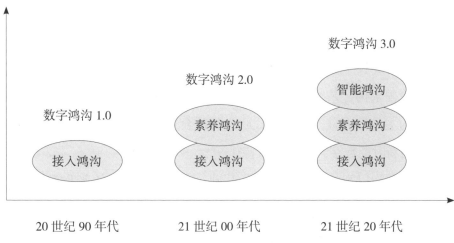

图6—1　数字鸿沟三阶段演进及其特征

接入鸿沟，主要表现为互联网接入设施的供给差异和缺失；素养鸿沟又称"技能鸿沟"，主要表现为"在数字接入设施供给充分的前提下，用户数字技能的差异和缺失"；智能鸿沟又称"运用鸿沟"，主要表现为"在接入设施和数字技能均具备的前提下，数字技术的运用方向出现偏差"。一个简单的例子是：两人同样拥有联网设备和操作使用的基本技能，收益却因是否运用与分享数字红利有关活动而产生了差异——二者存在 3.0 层级的数字鸿沟。

受全球新冠疫情的影响，数字鸿沟问题开始重新得到关注。按数字鸿沟问题的表现程度而言（见表 6—1），全球性数字鸿沟问题依然严峻。

表 6—1　三种数字鸿沟在不同区域中的表现程度

鸿沟层级	侧重点	欧美程度	中国程度	亚非拉程度
数字鸿沟 1.0	接入鸿沟	☆ ☆	☆ ☆ ☆	☆ ☆ ☆ ☆ ☆
数字鸿沟 2.0	素养鸿沟	☆ ☆ ☆	☆ ☆ ☆ ☆	☆ ☆ ☆ ☆
数字鸿沟 3.0	智能鸿沟	☆ ☆ ☆ ☆	☆ ☆ ☆ ☆ ☆	☆ ☆ ☆ ☆

随着智能技术开启数字大众化浪潮，由于长期受资本盲目驱动和缺乏基本治理架构，某些智能技术被广泛滥用，这种技术滥用成为驱动数字鸿沟的主导性力量，也成为威胁人类社会发展的因素之一。智能鸿沟逐渐成为新时期数字鸿沟的全新特征。[①]

智能鸿沟以智能技术的应用为基础，当今智能技术的普及都是以数

---

① 参见钟祥铭、方兴东：《智能鸿沟：数字鸿沟范式转变》，《现代传播（中国传媒大学学报）》2022 年第 4 期。

据、算法和算力（设备运算处理能力的度量单位）这三大要素为基础。目前，算法和算力主要集中在互联网超级平台手中，数据目前也大部分集中在企业手中，企业本质上追求利益最大化，且基于股份制的财产权和知识产权等制度使其拥有天然的垄断性和封闭性——这决定了智能鸿沟问题和接入鸿沟与素养鸿沟存在着基础性的不同：人类将更多的决策权让渡给算法和技术；智能时代的科技主导权越来越多地被少数科技巨头掌控；商业逻辑作为主导性逻辑成为智能鸿沟的重要特征之一。

21世纪，随着基于算法的智能传播强势崛起，社会信息传播机制开始突破甚至"摒弃"传统大众传播、网络传播和社交传播中关键的人和关键环节，进入机器和算法直接驱动的新阶段。智能传播有着超越原有各种传播机制的天然优势，是人类社会的重要进步。

但是，因为突破了传统的固有体制，依然缺乏完善规范、伦理和制度的智能传播，开始影响和主导人类深层次的社会与政治结构和运行。

一方面，智能鸿沟开始影响人的感知和信念，并产生信任危机。如人脸识别技术对公众的监视与个人隐私的丧失；获取和分析公众情绪，挖掘公众意见，并借此操纵选举结果；机器学习算法使人工智能系统通过数据学习来模仿人类理性等。另一方面，智能鸿沟正影响着全球战略格局。随着人工智能领域处于世界领先地位的国家利用人工智能来寻求经济利益和扩大社会福利，国家层面的人工智能鸿沟也日益明显：2019年美国国防部人工智能战略承诺实现美国军事力量的人工智能数字化转型，为大国竞争做好准备。该战略基于五大支柱，即开发人工智能能力、有效的人工智能治理、创造熟练的人工智能劳动力、军事道德和AI安全方面的领导、私人伙伴和国际盟友的接触。除了美国，其他国家也开始了对人工智能技术的投资。因此，智能鸿沟还可能引发国家或区域战争自动化之间的差距，更极端的情况是，人工智能可能在人类控制之外自行进化，使智能鸿沟走向更加不可控的境地。

随着人们生活在线化程度加深，远程医疗、虚拟教室、网上购物、社交互动和远程工作，所有这些都需要高速或宽带互联网接入和数字技术。因此也迫使世界上大约一半的人口在与世隔绝的情况下寻求其他生活方式，导致由数字鸿沟造成的不平等现象加剧，数字鸿沟历经地缘政治挑战，强势崛起。

目前，智能传播的技术主导者依旧为以网络超级平台为代表的科技企业，且资本驱动是当下智能传播的核心特征，所以智能鸿沟仍然由资本力量单向驱动，尚缺乏政府和社会力量的基本制衡。

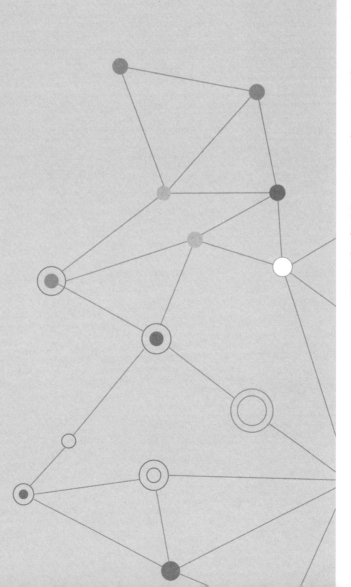

第七章　加强网络安全的应对保障

早在 2014 年，习近平总书记在中央网络安全和信息化领导小组第一次会议上的讲话就指出："没有网络安全就没有国家安全，没有信息化就没有现代化。建设网络强国，要有自己的技术，有过硬的技术；要有丰富全面的信息服务，繁荣发展的网络文化；要有良好的信息基础设施，形成实力雄厚的信息经济；要有高素质的网络安全和信息化人才队伍；要积极开展双边、多边的互联网国际交流合作。"[1]

2016 年 4 月 19 日，习近平总书记在网络安全和信息化工作座谈会上的讲话，给出了网络安全的建设具体方向："增强网络安全防御能力和威慑能力。网络安全的本质在对抗，对抗的本质在攻防两端能力较量。要落实网络安全责任制，制定网络安全标准，明确保护对象、保护层级、保护措施。哪些方面要重兵把守、严防死守，哪些方面由地方政府保障、适度防范，哪些方面由市场力量防护，都要有本清清楚楚的账。人家用的是飞机大炮，我们这里还用大刀长矛，那是不行的，攻防力量要对等。要以技术对技术，以技术管技术，做到魔高一尺、道高一丈。"[2]

2022 年 10 月 16 日，习近平总书记在党的二十大报告中明确提出，"国家安全是民族复兴的根基，社会稳定是国家强盛的前提。必须坚定不移贯彻总体国家安全观，把维护国家安全贯穿党和国家工作各方面全过程，确保国家安全和社会稳定"[3]；要加快建设网络强国、数字中国，强

---

① 中共中央党史和文献研究院编：《习近平关于防范风险挑战、应对突发事件论述摘编》，中央文献出版社 2020 年版，第 67 页。

② 中共中央党史和文献研究院编：《习近平关于防范风险挑战、应对突发事件论述摘编》，中央文献出版社 2020 年版，第 73 页。

③ 习近平：《高举中国特色社会主义伟大旗帜　为全面建设社会主义现代化国家而团结奋斗——在中国共产党第二十次全国代表大会上的报告》，人民出版社 2022 年版，第 52 页。

化网络、数据等重点领域安全保障体系建设。

以习近平同志为核心的党中央高度重视网络安全工作，作出一系列重大决策部署，实施一系列重大举措，提出一系列新思想新观点新论断，展现出耀眼的真理光芒和强大的实践力量。

一、习近平总书记关于网络安全的重要论述

习近平总书记多次主持召开网络安全和信息化工作座谈会并发表重要讲话，对网络安全的背景、本质、特点、层次和做好网络安全工作的思路、方法、阶段、关键要点等方面做了高屋建瓴、切中肯綮的论述，既有短期重点，又有长远规划，让我国网络安全大战略、大方向、大思路愈加清晰。其中，关于网络安全系列新思想新观点新论断，为我们做好网络安全工作提供了根本遵循，必须长期坚持贯彻、不断丰富发展。

一是从发展状况的角度指出了当前我国网络安全面临的形势和应对策略。网络安全是国家安全的重要组成部分。没有网络安全就没有国家安全，就没有经济社会稳定运行，广大人民群众利益也难以得到保障。网络安全牵一发而动全身，深刻影响政治、经济、文化、社会、军事等各领域安全。网络安全威胁和风险日益突出，并日益向政治、经济、文化、社会、生态、国防等领域传导渗透。金融、能源、电力、通信、交通等领域的关键信息基础设施是经济社会运行的神经中枢，是网络安全的重中之重，也是可能遭到重点攻击的目标。"物理隔离"防线可被跨网入侵，电力调配指令可被恶意篡改，金融交易信息可被窃取，可能导致交通中断、金融紊乱、电力瘫痪等问题，具有很大的破坏性和杀伤力。充分认识做好工作的重要性和紧迫性。网络安全具有很强的隐蔽

性，一个技术漏洞、安全风险可能隐藏几年都发现不了，如果谁进来了不知道、是敌是友不知道、干了什么不知道，后门漏洞长期"潜伏"，一旦有事就发作。坚持因势而谋，应势而动，顺势而为。网络安全和信息化工作必须统一谋划、统一部署、统一推进、统一实施。处理好安全和发展的关系，做到协调一致、齐头并进，以安全保发展、以发展促安全，努力建久安之势、成长治之业。网络安全的本质在对抗，对抗的本质在攻防两端能力较量。落实网络安全责任制，制定网络安全标准，明确保护对象、保护层级、保护措施，明确防护策略、责任分工，以技术对技术、以技术管技术，做到魔高一尺、道高一丈。坚持安全可控和开放创新并重，促进发展和依法管理相统一。立足于开放环境维护网络安全，加强国际交流合作，大力培育人工智能、物联网、下一代通信网络等新技术新应用，又积极利用法律法规和标准规范引导新技术应用，推进网络安全教育、技术、产业融合发展，形成人才培养、技术创新、产业发展的良性生态。

二是从内在规律的角度深刻论述了网络安全的本质特点。网络安全是整体的而不是割裂的。在信息时代，网络安全对国家安全牵一发而动全身，同许多其他方面的安全都有着密切关系。网络安全是动态的而不是静态的。信息技术变化越来越快，过去分散独立的网络变得高度关联、相互依赖，网络安全的威胁来源和攻击手段不断变化，那种依靠装几个安全设备和安全软件就想永葆安全的想法已不合时宜，需要树立动态、综合的防护理念。网络安全是开放的而不是封闭的。只有立足开放环境，加强对外交流、合作、互动、博弈，吸收先进技术，网络安全水平才会不断提高。习近平总书记指出："网络安全是相对的而不是绝对的。没有绝对安全，要立足基本国情保安全，避免不计成本追求绝对安全，那样不仅会背上沉重负担，甚至可能顾此失彼。"①网络安全是共同的而不是孤立的。网络安全为人民，网络安全靠人民，维护网络安全是全社会共同责任，需要政府、企业、社会组织、广大网民共同参与，共筑网络安全防线。

三是从工作实践的角度给出了做好网络安全的方法体系。感知网络安全态势是基础。加强网络安全信息统筹机制、手段、平台建设，汇集政府和企业、国内和国外的安全威胁、风险情况和事件信息，综合分析、系统研判，掌握网络空间当前状态，分析下一步动态，为科学决策指挥提供依据。加强网络安全事件应急指挥能力建设，实现对网络安全重大事件的统一协调指挥和响应处置。强化关键信息基础设施网络安全防护。加强网络安全检查，摸清家底，明确保护范围和对象，及时发现隐患、修补漏洞，做到关口前移，防患于未然。强化不同地区、不同行业、不同领域关键信息基础设施之间的威胁信息共享，加强协同应对，着力构建全国一体化的关键信息基础设施安全保障体系。落实关键信息基础设施防护责任。行业、企业作为关键信息基础设施运营者承担主体防护责任，主管部门履行好监管责任。在党政军等重要网络系统中要坚定不移推进国产化进程，提升网络产品和服务自主可控水平。切实保障国家数据安全。强化国家关键数据资源保护能力，增强数据安全预警和溯源能力。加强政策、监管、法律的统筹协调，加快法规制度建设。制定数据资源确权、开放、流通、交易相关制度，完善数据产权保护制度。加大对技术专利、数字版权、数字内容产品及个人隐私等的保护力度，维护

---

① 中共中央党史和文献研究院编：《习近平关于网络强国论述摘编》，中央文献出版社 2021 年版，第 92 页。

广大人民群众利益、社会稳定、国家安全。加强国际数据治理政策储备和治理规则研究，提出中国方案。筑牢网络安全防线。提高网络安全保障水平，强化关键信息基础设施防护，加大核心技术研发力度和市场化引导，加强网络安全预警监测，确保大数据安全，实现全天候全方位感知和有效防护。提升全民网络安全意识和技能。坚持网络安全为人民、网络安全靠人民，保障个人信息安全，举办网络安全宣传周。维护公民在网络空间的合法权益，提升广大人民群众在网络空间的获得感、幸福感、安全感。

四是从全球网络空间治理的角度提出了构建网络空间人类命运共同体倡议。推进全球互联网治理体系变革。习近平总书记指出："《联合国宪章》确立的主权平等原则是当代国际关系的基本准则，覆盖国与国交往各个领域，其原则和精神也应该适用于网络空间。我们应该尊重各国自主选择网络发展道路、网络管理模式、互联网公共政策和平等参与国际网络空间治理的权利，不搞网络霸权，不干涉他国内政，不从事、纵容或支持危害他国国家安全的网络活动。"①构建良好网络秩序。坚持依法治网、依法办网、依法上网，让互联网在法治轨道上健康运行。加强网络伦理、网络文明建设，发挥道德教化引导作用，用人类文明优秀成果滋养网络空间、修复网络生态。完善全球互联网治理体系。坚持同舟共济、互信互利的理念，摈弃零和博弈、赢者通吃的旧观念。推进互联网领域开放合作，丰富开放内涵，提高开放水平，搭建更多沟通合作平台，创造更多利益契合点、合作增长点共赢新亮点，推动彼此在网络空

---

① 中共中央党史和文献研究院编：《习近平关于网络强国论述摘编》，中央文献出版社 2021 年版，第 153 页。

间优势互补、共同发展，让更多国家和人民搭乘信息时代的快车、共享互联网发展成果。

二、国内外网络安全面临的新形势新挑战

（一）国际网络安全新形势

世界面临百年未有之大变局，保护主义、单边主义上升，世界经济低迷，全球产业链、供应链面临冲击，世界进入动荡变革期。从世界范围看，网络安全威胁和风险日益突出，并日益向政治、经济、文化、社会、生态、国防等领域传导渗透。

一是网络空间主权竞争博弈军事化。网络空间是继海权、陆权、领空权、太空权之后的第五大主权。自 2015 年美国战略核心从"全面防御"调整为"攻击威慑"以来，各国在网络空间主导权、话语权的争夺更加激烈。英国 2017 年首次在联合军事行动中使用了网络攻击、干扰等网络能力。[①]美国于 2017 年 8 月将网络司令部作为一级作战司令部，其下属的 133 支网络任务部队已经具备作战能力；美国国防部在 2018 年 7 月发布 4580 万美元的采购计划，用于开发武器系列"网络航母"，辅助网络部队执行情报侦察、网络攻击等行动；《2019 财年授权法案》明确了网络威慑的路径和战略对手，给予美国国防部发起军事网络行动授权。2022 财年美国国防预算提议在 2022 财年和 2024 财年之间分阶段增加 14

---

① 参见惠志斌、覃庆玲主编：《中国网络空间安全发展报告》，社会科学文献出版社 2019 年版，第 5 页。

支网络任务部队，2025 年美网络司令部下属作战部队将达 147 支。①

二是网络攻击智能化武器化趋势蔓延。人工智能等新技术的应用、网络武器泄露的延续效应，正逐渐转变网络攻击的逻辑和手段，"攻防不对等"形势更加严峻。人工智能等新技术手段以及社会工程理念驱动网络攻击智能化发展，智能分析使快速绕过多重防御手段成为可能。2017 年的 Wanna Cry 勒索病毒暴发，全球 150 多个国家、20 万台电脑受到影响，累计损失高达数十亿美元。据统计，2021 年勒索软件支付猛增 518%；2022 年，55% 的组织每周或每天都会看到网络钓鱼尝试；预计 2023 年全球 DDoS 攻击总数将达到 1540 万次，平均每 36 台中就有一台被植入高风险应用程序。2022 年国际刑警组织秘书长尤尔根·斯多克（Jurgen Stock）表示，国家开发的网络武器会在几年后出现在暗网上，成为现实世界中的一大主要问题——战场上使用的武器逐渐落入有组织的犯罪团伙手中。2023 年，美国联邦政府发布报告称，恶意攻击者使用 Cha4GPT 进行恶意软件生成，制作钓鱼邮件，需要引起用户密切注意。

三是俄乌冲突网络作战引发全球关注。自 2022 年 2 月 24 日俄乌冲突爆发以来，俄乌网络作战从前期网络军事行动对抗，升级到国家关键信息基础设施攻防、民众战争潜力动员、产业链经济贸易制裁、网络社会舆论认知引导等多维度、多领域的全面对抗。俄乌冲突表明，网络空间是战争前哨，它在物理战争之前就已经开战，同时也是决定战争胜负的主战场之一，各方在网络战场上的争夺程度丝毫不亚于热战。俄罗斯与乌克兰在网络空间的较量已经全方位展开，既有针对互联网基础设施、军用指挥控制

---

① 参见张睿健、颉靖、聂春明：《美国网络空间领域战略思想及发展重点研究》，《中国电子科学研究院学报》2021 年第 12 期。

系统、民用关键基础设施的攻击，也有针对全球舆论的信息战、混合战。可以说，两国在网络空间中的攻防，不仅对战争走势有全局性的影响，也对未来全球网络空间的安全形势带来不可估量的影响。

四是疫情防控加速技术产业变革。全球疫情加剧了社会运行对网络设施依赖性大幅度提升，也为黑客利用攻击媒介创造了新的机会。网络钓鱼、APT、DDoS 和勒索病毒等网络攻击数量大幅激增，个人信息泄露、企业核心业务数据泄露层出不穷。随着网络环境的恶化，一批网络安全新概念、新技术，如零信任、安全访问服务边缘（SASE）、统一终端管理（UEM）等，从幕后走向了台前，由此带动了整个网络安全生态发生巨大变化。远程办公需求的爆发式增长，一方面为稳定社会经济发挥了重要作用，另一方面也给信息化系统带来巨大的安全挑战：传统办公网络的边界被打破，为远程办公应用开放了大量高风险业务端口，大量没有安全保障的移动设备，通过各种网络接入内部信息系统，使企业的核心业务和数据更容易遭受黑客攻击，进而引发数据泄露。

（二）国内网络安全新形势

习近平总书记指出："党的十八大以后，党中央从进行具有许多新的历史特点的伟大斗争出发，重视互联网、发展互联网、治理互联网，成立中央网络安全和信息化领导小组，统筹协调涉及政治、经济、文化、社会、军事等领域信息化和网络安全重大问题，作出一系列重大决策、提出一系列重大举措，推动网信事业取得历史性成就。"[1]

---

[1] 中共中央党史和文献研究院编：《习近平关于网络强国论述摘编》，中央文献出版社 2021 年版，第 8 页。

国家总体治理层面。"一是提出建设网络强国战略目标，网信工作顶层设计和总体架构基本确立，出台《关于加强网络安全和信息化工作的意见》，基本理顺互联网管理领导体制机制，形成全国'一盘棋'工作格局。二是网络意识形态安全得到切实维护，做大做强网上正面宣传，在管网治网上出重拳、亮利剑，打赢网络意识形态领域一系列重大斗争，根本扭转了过去网上乱象丛生、阵地沦陷、被动挨打的状况，网络空间正能量更加强劲、主旋律更加高昂。三是国家网络安全屏障进一步巩固，制定实施网络安全法，加强网络安全保障能力建设，关键信息基础设施安全保护不断强化，网络违法犯罪活动得到有效遏制，全社会网络安全意识和防护能力明显增强。四是网信军民融合取得阶段性成效，网络安全威慑反制能力不断增强"①。网络空间国际话语权和影响力显著提升，高举网络主权大旗，推动构建网络空间命运共同体，积极参与全球互联网治理进程，创设并成功举办世界互联网大会，2022 年世界互联网大会国际组织正式成立，中国理念、中国主张、中国方案赢得越来越多认同和支持。

威胁管控能力层面。漏洞信息共享与应急工作稳步推进，国家信息安全漏洞共享平台（以下简称"CNVD"）2020 全年新增收录通用软硬件漏洞数量创历史新高，达 20704 个，同比增长 27.9%，近 5 年来新增收录漏洞数量呈显著增长态势，年均增长率为 17.6%。计算机恶意程序感染数量持续减少，移动互联网恶意程序治理成效显现，恶意 App 下架数量持续保持逐年下降趋势，计算机恶意程序感染势头得到有效遏制，2020 全年捕获恶意程序样本数量超过 4200 万个，日均阻断传播次数为

---

① 中共中央党史和文献研究院编：《习近平关于网络强国论述摘编》，中央文献出版社 2021 年版，第 8—9 页。

482 万余次，涉及恶意程序家族近 34.8 万个。App 违法违规收集个人信息治理取得积极成效，国内主流应用商店可下载的在架活跃 App 达到 267 万款，安卓、苹果 App 分别为 105 万款、162 万款。[①] 每年开展国家网络安全宣传周活动，组织丰富多样的网络安全会议、赛事等活动，不断加大网络安全知识宣传力度，安全意识提升成效显著。[②]

产业技术发展层面。网络安全核心技术创新取得积极进展，新一代移动通信（5G）、高性能计算、量子通信等技术研究实现突破，数据分类分级、软件供应链安全、安全托管服务、安全访问服务边缘、云原生安全、API 安全和下一代安全评估等新技术蓬勃兴起，一批网信企业跻身世界前列，网络产业规模逐步壮大。据中国网络安全产业联盟统计，仅 2021 年上半年我国共有 4525 家公司开展网络安全业务，相比上一年增长了 27.0%。随着《中华人民共和国网络安全法》《中华人民共和国密码法》《中华人民共和国数据安全法》《中华人民共和国个人信息保护法》和《关键信息基础设施安全保护条例》等关键法律政策的发布，将引领新需求并将形成可观的增量市场，预计网络安全市场将保持 15% 以上的增速，2024 年市场规模将超过 1000 亿元。

与此同时，安全漏洞、数据泄露、网络诈骗、勒索病毒等网络安全威胁日益凸显，有组织、有目的的网络攻击形势愈加明显，为我国网络安全防护工作带来更多挑战。

---

① 参见国家计算机网络应急技术处理协调中心：《2020 年中国互联网网络安全报告》，人民邮电出版社 2021 年版，第 22 页。

② 参见国家计算机网络应急技术处理协调中心：《2020 年中国互联网网络安全报告》，人民邮电出版社 2021 年版，第 5—7 页。

一是 APT 组织利用社会热点、供应链攻击等方式持续对我国重要行业实施攻击，疫情远程办公需求的增长扩大了 APT 攻击面。攻击者利用社会热点信息投递钓鱼邮件的 APT 攻击行动高发，境外"白象""海莲花""毒云藤"等 APT 攻击组织以相关社会热点及工作文件为诱饵，向我国重要单位邮箱账户投递钓鱼邮件，诱导受害人点击仿冒该单位邮件服务提供商或邮件服务系统的虚假页面链接，从而盗取受害人的邮箱账号和密码。供应链攻击成为 APT 组织常用攻击手法，APT 组织多次对攻击目标采用供应链攻击，新冠疫情防控下的远程办公需求明显增多，虚拟专用网络（VPN）成为远程办公人员接入单位网络的主要技术手段之一。

二是个人信息非法售卖情况仍较为严重，联网数据库和微信小程序数据泄露风险较为突出。公民个人信息未脱敏展示与非法售卖情况较为严重，监测发现涉及身份证号码、手机号码、家庭住址、学历、工作等敏感个人信息暴露在互联网上，全年仅国家计算机网络应急技术处理协调中心就累计监测发现政务公开、招考公示等平台未脱敏展示公民个人信息事件 107 起，涉及未脱敏个人信息近 10 万条。此外，全年累计监测发现个人信息非法售卖事件 203 起，其中，银行、证券、保险相关行业用户个人信息遭非法售卖的事件占比较高，约占数据非法交易事件总数的 40%；电子商务、社交平台等用户数据和高校、培训机构、考试机构等教育行业通信录数据分别占数据非法交易事件总数的 20% 和 12%。联网数据库和微信小程序数据泄露风险问题突出，国家计算机网络应急技术处理协调中心持续推进数据安全事件监测发现和协调处置工作，2020年累计监测并通报联网信息系统数据库存在安全漏洞、遭受入侵控制，以及个人信息遭盗取和非法售卖等重要数据安全事件 3000 余起，涉及电子商务、互联网企业、医疗卫生、校外培训等众多行业机构。分析发现，使用主流数据库的信息系统遭攻击较为频繁。其中，数据库密码爆破攻击事件最为普遍，占比高达 48%，数据库遭删库、拖库、植入恶意代码、植入后门等事件时有发生，数据库存在漏洞等风险情况较为突出。[①]

三是历史重大漏洞利用风险仍然较大，网络安全产品自身漏洞问题引起关注。历史重大漏洞利用风险依然较为严重，漏洞修复工作尤为重要和紧迫，经抽样监测发现，攻击者利用安全漏洞针对境内主机进行扫描探测、代码执行等的远程攻击行为日均超过 2176.4 万次。根据攻击来源 IP 地址进行统计，攻击主要来自境外，占比超过 75%。攻击者所利用的漏洞类型主要覆盖网站侧、主机侧、移动终端侧，其中攻击网站所利用的典型漏洞为 Apache Struts2 远程代码执行、WebLogic 反序列化等漏洞；攻击主机所利用的典型漏洞为"永恒之蓝"、OpenSSL "心脏滴血"等漏洞；攻击移动终端所利用的典型漏洞为 Webview 远程代码执行等漏洞。上述典型漏洞均为历史上曾造成严重威胁的重大漏洞，虽然已曝光较长时间，但目前仍然受到攻击者重点关注，安全隐患依然严重，针对此类漏洞的修复工作尤为重要和紧迫。网络安全产品自身漏洞风险上升，中国信息安全漏洞共享平台收录的通用型漏洞中，网络安全产品类漏洞数量达 424 个，同比增长 110.9%，网络安全产品自身存在的安全漏洞需获得更多关注。[②]终端安全响应（EDR）系统、堡垒机、防火墙、入侵防御系统、威胁发现系统等网络安全防护产品多次被披露存在安全漏洞。

[①] 参见国家计算机网络应急技术处理协调中心：《2020 年中国互联网网络安全报告》，人民邮电出版社 2021 年版，第 18 页。

[②] 参见国家计算机网络应急技术处理协调中心：《2020 年中国互联网网络安全报告》，人民邮电出版社 2021 年版，第 20—22 页。

由于网络安全防护产品在网络安全防护体系中发挥着重要作用，且这些产品在国内使用范围较广，相关漏洞一旦被不法分子利用，可能构成严重的网络安全威胁。

四是勒索病毒技术手段不断升级，恶意程序传播与治理对抗性加剧。勒索病毒的勒索方式和技术手段不断升级，勒索病毒持续活跃，2020 全年国家计算机网络应急技术处理协调中心捕获勒索病毒软件 78.1 万余个，较 2019 年同比增长 6.8%。[①]同时，勒索病毒的技术手段不断升级，利用漏洞入侵过程以及随后的内网横向移动过程的自动化、集成化、模块化、组织化特点愈发明显，攻击技术呈现快速升级趋势。勒索方式持续升级，勒索团伙将被加密文件窃取回传，在网站或暗网数据泄露站点上公布部分或全部文件，以威胁受害者缴纳赎金。

五是恶意程序传播感染手法不断升级演变，给治理带来较大挑战。采用 P2P 传播方式的联网智能设备恶意程序异常活跃，P2P 传播方式是恶意程序的传统传播手段之一，具有传播速度快、感染规模大、追溯源头难的特点，Mozi、Pinkbot 等联网智能设备恶意程序家族在利用该传播方式后活动异常活跃。据抽样监测发现，我国境内以 P2P 传播方式控制的联网智能设备数量非常庞大，达 2299.7 万个。联网智能设备僵尸网络控制规模增大，部分大型僵尸网络通过 P2P 传播与集中控制相结合的方式对受控端进行控制。国家组织对集中式控制端进行打击，但若未清理恶意程序，受感染设备之间仍可继续通过 P2P 通信保持联系，并感染其他设备。随着更多物联网设备不断投入使用，采用 P2P 传播的恶意程序

---

① 参见国家计算机网络应急技术处理协调中心：《2020 年中国互联网网络安全报告》，人民邮电出版社 2021 年版，第 83—84 页。

可能对网络空间产生更大威胁。

六是因社会热点容易被黑色产业链利用开展网页仿冒诈骗，以社会热点为标题的仿冒页面骤增。仿冒电子不停车收费（ETC）页面呈井喷式增长。2019年以来，ETC系统在全国大力推广，ETC页面直接涉及个人银行卡信息。不法分子通过仿冒ETC相关页面，骗取个人银行卡信息。2020年5月以来，以"ETC在线认证"为标题的仿冒页面数量呈井喷式增长，并在8月达到峰值5.6万余个，占针对我国境内网站仿冒页面总量的91%。[①]此类仿冒页面承载IP地址多位于境外，不法分子通过"ETC信息认证""ETC在线办理认证""ETC在线认证中心"等不同页面内容诱骗用户提交姓名、银行账号、身份证号、手机号、密码等个人隐私信息，致使大量用户遭受经济损失。仿冒App综合运用定向投递、多次跳转、泛域名解析等多种技术手段规避检测，随着恶意App治理工作持续推进，正规平台上恶意App数量逐年呈下降趋势，仿冒App已难以通过正规平台上架和传播，转而采用一些新的传播方式。一些不法分子制作仿冒App并通过分发平台生成二维码或下载链接，采取"定向投递"等方式，通过短信、社交工具等向目标人群发送二维码或下载链接，诱骗受害人下载安装。同时，还综合运用下载链接多次跳转、域名随机变化、泛域名解析等多种技术手段规避检测。当某个仿冒App下载链接被处置后，立即生成新的传播链接，以达到规避检测的目的，增加了治理难度。针对网上行政审批的仿冒页面数量大幅上涨，受新冠疫情影响，大量行政审批转向线上。2020年底，出现大量以"统一企业执照信息管理系统"

---

① 参见国家计算机网络应急技术处理协调中心：《2020年中国互联网网络安全报告》，人民邮电出版社2021年版，第21页。

为标题的仿冒页面，仅 11—12 月即监测发现此类仿冒页面 5.3 万余个。[①]
不法分子通过该类页面诱骗用户在仿冒页面上提交真实姓名、银行卡号、
卡内余额、身份证号、银行预留手机号等信息。

（三）全球网络安全新挑战

　　网络空间安全已成为关乎百姓生命财产安全，关系国家安全和社会
稳定的重大战略问题，网络空间包括数字基础设施、运行于其上的数据
和处理数据的各类应用。数字基础设施和各类数字应用融合技术加速安
全威胁传导渗透，催生了融合领域网络安全保障需求。数据安全涉及国
家安全、公共利益即个体权益，一直是立法和监管重点。例如，在远程
医疗中遭到勒索软件攻击，人工智能核心算法不透明，存在恶意操纵导
致不正当竞争风险，区块链技术应用暴露多重风险，从而最大程度地合
理安排防御位置，并设定合适的安全策略，网络安全新技术也面临着严
峻的挑战。

　　一是数字基础设施面临的安全挑战。数字基础设施作为数字经济
发展的底座和基石，是推进数字经济发展行稳致远的基础。随着云计
算、大数据、物联网、人工智能等新一代信息技术飞速发展，我国数字
基础设施建设不断完善，极大促进了国家数字化转型、网络化重构、与
"AI＋"产业升级，但同时也面临更加复杂的安全挑战。随着数字基础设
施建设的深入推进，新型网络架构导致网络边界日趋开放和复杂，传统
安全防护手段面临功效降低甚至失效；同时，海量多样化设备接入网络

---

　　① 参见国家计算机网络应急技术处理协调中心：《2020 年中国互联网网络
安全报告》，人民邮电出版社 2021 年版，第 21 页。

也会导致网络安全威胁的攻击面逐渐扩大。

二是应用数字技术引入的安全风险。随着数字经济的发展，云计算、大数据、人工智能等数字技术全面融入各个领域，导致数据泄露和数据滥用风险大幅增加，这些都对数字安全提出严峻挑战。除了数字技术本身可能存在的安全风险以外，数字技术广泛赋能的过程中也可能带来一些安全风险。例如，智能算法推荐造成的"信息茧房"效应、人工智能技术带来的伦理安全风险等问题。

三是数据安全与隐私保护风险。数据是数字经济最关键的生产要素，数据的价值在于流动，只有融合、流动、共享、加工处理、开发利用才能创造更大价值。在海量数据流通的同时，会带来数据安全和隐私保护方面的风险，甚至危害社会安全和国家安全。我国已经出台《中华人民共和国网络安全法》《中华人民共和国数据安全法》《中华人民共和国个人信息保护法》《网络数据安全管理条例（征求意见稿）》《关键信息基础设施安全保护条例》等法律法规，为降低数据安全与隐私保护风险提供法治保障。

三、我国网络安全治理体系及领导责任框架

（一）我国网络安全治理框架

通过深化党和国家机构改革，党中央把中央网络安全和信息化领导小组改为委员会，加强党中央的集中统一领导，统筹协调各个领域的网络安全和信息化重大问题，制定实施国家网络安全和信息化发展战略、宏观规划和重大政策，不断增强安全保障能力，在关键问题、复杂问题、

难点问题上定调、拍板、督促。委员会是决策议事协调机构，具体工作由中央网信办来统筹推进，相关行业主管监管部门发挥行业指导监督职能作用。

我国网络安全治理体系秉持总体国家安全观，一方面，继续探索中国特色的网络安全治理理念，完善制度体系，树立道路自信；另一方面，保持开放姿态，积极参与国际网络安全治理进程，共建网络空间命运共同体。从治理系统方面来说，包括战略、体制、机制三个维度的制度安排。从治理内容来看，网络安全法包括完善网络安全规制主体、规制范围、责任方式、网络安全人才培养等多个方面，建立了以治理思维为基础的综合、动态立法。从治理行为来看，网络安全法自身具有动态管理与配置的过程特点，以"治理思维"为抓手，强化预防手段、惩治手段和完善手段，完善网络安全促进技术方案。从治理重点来看，由于网络安全法涉及各方面，妥善安排了国家、社会、企业、个人四元关系，网络安全法自身涉及错综复杂的综合法律关系，存在架构设计与兼顾重点之必要。

2020年以来，多项网络安全法律法规面向社会公众发布，我国网络安全法律法规体系日臻完善。国家互联网信息办公室等12个部门联合制定和发布《网络安全审查办法》，以确保关键信息基础设施供应链安全，维护国家安全。《中华人民共和国数据安全法》和《中华人民共和国个人信息保护法》将为切实保护数据安全和用户个人信息安全提供强有力的法治保障。《中华人民共和国密码法》正式施行，规定使用密码进行数据加密、身份认证以及开展商用密码应用安全性评估成为系统运营单位的法定义务。《中华人民共和国国民经济和社会发展第十四个五年规划和2035年远景目标》正式发布，提出保障国家数据安全，加强个人信息保护，全面加强网络安全保障体系和能力建设，维护水利、电力、供水、油气、交通、通信、网络、金融等重要基础设施安全。中共中央印发《法治社会建设实施纲要（2020—2025年）》，要求依法治理网络空间，推动社会治理从现实社会向网络空间覆盖，建立健全网络综合治理体系，加强依法管网、依法办网、依法上网，全面推进网络空间法治化，营造清朗的网络空间。同时，国家发改委、工业和信息化部、公安部、交通运输部、国家市场监督管理总局等多个部门，陆续出台相关配套文件，不断推进我国各领域网络安全工作。

（二）我国网络安全政策法规体系

国家安全制度体系与安全治理体系相互强化。国家安全制度体系是国家安全治理体系的制度基础，国家安全治理体系是国家安全制度体系的实践运行。安全制度体系为本，安全治理体系为用。完善安全制度体系就是建设安全治理体系，发展安全治理体系也能促进安全制度体系。

近年来，我国把依法治网作为基础性手段，不断加快制定完善互联网领域法律法规，推动依法管网、依法办网、依法上网，网络空间法治化持续推进，不断加快网络立法进程，加紧制定并出台了一批网络安全领域相关法律法规。

1.《中华人民共和国网络安全法》背景、意义和亮点

2017年6月1日，《中华人民共和国网络安全法》正式实施，这是我国第一部关于网络安全工作的基本大法，是依法治网、依法管网的根本依据。该法在保护公民个人信息、打击网络诈骗、保护关键信息基础设施、网络实名制等方面做出了明确规定，为公众普遍关注的一系列网络安全问题，勾画了基本的制度框架。

《中华人民共和国网络安全法》的重大意义在于，它使我国网络安全工作有了基础性的法律框架，有了网络安全的"基本法"。作为"基本法"，其解决了以下几个重要问题：一是明确了部门、企业、社会组织和个人的权利、义务和责任；二是规定了国家网络安全工作的基本原则、主要任务和重大指导思想、理念；三是将成熟的政策规定和措施上升为法律，为政府部门的工作提供了法律依据，体现了依法行政、依法治国要求；四是建立了国家网络安全的一系列基本制度，这些基本制度具有全局性、基础性特点，是推动工作、夯实能力、防范重大风险所必需。①

从实际工作需求看，《中华人民共和国网络安全法》亮点十分突出：一是提出了个人信息保护的基本原则和要求，相当于一部小型的"个人信息保护法"，使后续的相关细则、标准有了上位法；二是对网络产品和服务提供者提出了要求，针对的是当前一些企业任性停止服务或依靠垄断优势要挟用户、随意收集用户信息等问题；三是在反恐法确立的电信用户实名制基础上，规定了信息发布、即时通信等服务的实名制要求，但实名是指"前台匿名、后台实名"，不影响用户隐私；四是规范了重要网络安全信息的发布服务，限制了不实信息造成很大范围的不良影响，国家将制定这方面的规定；五是明确了网络运营者的执法协助义务，依靠"红头文件"的局面得以改变；六是从法的层面规定了对网上非法信息的清理，使国家的互联网管理系统有了明确的法律依据；七是确立了国家关键信息基础设施保护制度，特别是规定了运营者的强制性义务，并为主管部门开展监管作了授权；八是建立了网络安全监测预警、信息

---

① 参见杨合庆主编：《〈中华人民共和国网络安全法〉解读》，中国法制出版社2017年版，第1—9页。

通报和应急处置工作体系，有利于解决目前存在的多个部门各自发布预警通报、应急预案体系不完整不协调等问题；九是建立了通信管制制度，以支持重大突发事件的处置，同时也将通信管制的权限严格控制在国务院；十是进一步理顺网络安全工作体制，规定国家网信部门负责统筹协调网络安全工作和相关监督管理工作。

2.《中华人民共和国密码法》背景、意义和亮点

2020年1月1日，《中华人民共和国密码法》正式实施，该法旨在规范密码应用和管理，促进密码事业发展，保障网络与信息安全，提升密码管理科学化、规范化、法治化水平，是我国密码领域的综合性、基础性法律，是我国密码领域的第一部法律，填补了我国密码领域长期存在的法律空白，对于加快密码法治建设，理顺国家安全领域相关法律法规关系，完善国家安全法律制度体系，都具有重要意义。

制定和实施《中华人民共和国密码法》，是坚持国家总体安全观的体现，对全面提升我国密码工作法治化和现代化水平，更好发挥密码在维护国家安全、促进经济社会发展、保护人民群众利益方面的重要作用，具有里程碑式的意义。《中华人民共和国密码法》是国家安全法律体系的重要组成部分，也是一部技术性、专业性较强的专门法律，全文内容围绕"怎么用密码、谁来管密码、怎么管密码"展开，有以下亮点：一是对如何促进密码事业发展作了原则规定；二是实现了密码的科学分类和精准管理，将密码分为核心密码、普通密码和商用密码，实行分类管理；三是规定了法法衔接内容，强化了法律责任，让制度生威。

3.《中华人民共和国数据安全法》背景、意义和亮点

2021年6月10日，第十三届全国人民代表大会常务委员会第二十九次会议正式通过并公布《中华人民共和国数据安全法》（以下简称《数据

安全法》），于 2021 年 9 月 1 日起施行。作为数据领域的基础性法律和国家安全领域的一部重要法律，《数据安全法》集中、全面地体现了我国当前的数据安全监管思路。随着数字经济在全球范围内蓬勃发展，世界各国对于数据主权和安全保护的需求日益增长，数据安全的有效监管成为一项重要的议题。近几年来，许多国家及地区陆续出台了数据保护和安全领域的相关规则条例，如欧盟《通用数据保护条例》（GDPR）、美国《加州消费者隐私法案》（CCPA）、新加坡《个人信息保密条款》（PDPA）和日本《个人信息保护法》（PIPA）等。在数据安全保护的国际背景和时代浪潮下，我国出台《数据安全法》，具有更为重要的意义。

　　《数据安全法》有以下亮点值得关注：一是明确数据安全监管的工作协调与统筹机制，明确由中央国家安全领导机构负责数据安全工作的决策和协调，国家网信部门统筹网络数据安全监管工作，行业主管部门承担本行业、本领域的数据安全监管职责，公安机关、国家安全机关等在各自职责范围内承担数据安全监管职责；二是规定建立"数据分类分级保护制度"，明确"国家核心数据"管理制度；三是体现网络安全等级保护制度与数据安全保护制度的衔接，要求数据处理者"在网络安全等级保护制度的基础上"开展数据安全保护工作；四是明确重要数据出境安全管理制度，明确了关键信息基础设施的运营者在境内运营中收集和产生的重要数据的出境安全管理应适用《中华人民共和国网络安全法》第三十七条提出的"一般情形 + 例外规定"；五是严格规制面向境外司法或者执法机构的数据出境活动；六是明确对政务数据的相关规定，首次对政务数据的安全监管思路做出了总体规定；七是明确数据处理活动不应排除、限制竞争。

　　此外，随着《中华人民共和国个人信息保护法》《关键信息基础设施安全保护条例》相继正式发布实施，加上《中华人民共和国电子签名法》《网络产品安全漏洞管理规定》《网络安全审查办法》等一系列网络安全相关法律法规、规章制度相继发布，一套以人民安全为宗旨、以政治安全为根本、国家安全为总体牵引，网络、数据、个人信息和关键信息基础设施保护"3法1条例"互补衔接、各有关法律法规为综合支撑的中国特色网络安全法律法规体系基本建成（图7—1），对提升国家网络安全水平、保护公众利益、加速网络安全产业发展具有重大意义。

（三）领导干部网络安全责任梳理

领导干部主要承担和落实的网络安全责任总体来讲分为两大类。

一是落实党中央和习近平总书记关于网络安全工作的重要指示精神和决策部署。（1）善于运用网络了解民意、开展工作，是新形势下领导干部做好工作的基本功。（2）学网、懂网、用网，积极谋划、推动、引导互联网发展。正确处理安全和发展、开放和自主、管理和服务的关系，不断提高对互联网规律的把握能力、对网络舆论的引导能力、对信息化发展的驾驭能力、对网络安全的保障能力，把网络强国建设不断推向前进。（3）自觉学网、懂网、用网，不断提高对互联网规律的把握能力、对网络舆论的引导能力、对信息化发展的驾驭能力、对网络安全的保障能力。（4）从政策、资金、人才等方面加大对媒体融合发展的支持力度。要改革创新管理机制，配套落实政策措施，推动媒体融合朝着正确方向发展。增强同媒体打交道的能力，不断提高治国理政能力和水平。（5）善于获取数据、分析数据、运用数据，是领导干部做好工作的基本功。（6）敢于担当、敢于亮剑，敢于站在风口浪尖上进行斗争，落实意识形态工作责任制和网络意识形态工作责任制实施办法。（7）发挥舆论

《中华人民共和国国家安全法》
《中华人民共和国网络安全法》
《中华人民共和国个人信息保护法》
《中华人民共和国数据安全法》

战略
- 国家网络空间安全战略
- 网络空间国际合作战略

密码
- 密码法

网络安全审查
- 网络安全审查办法

个人信息/数据出境
- 个人信息和重要数据出境安全评估办法（修订草案征求意见稿）
- 网络安全审查办法（征求意见稿）

互联网信息
- 互联网新闻信息服务管理规定
- 互联网新闻信息服务许可服务流程规定
- 互联网新闻信息服务管理实施细则
- 互联网跟帖评论服务管理规定
- 互联网论坛社区服务管理规定
- 互联网用户公众账号信息服务管理规定
- 互联网群组信息服务管理规定
- 互联网新闻信息服务新技术新应用安全评估管理规定
- 具有舆论属性或社会动员能力的互联网信息服务安全评估规定
- 移动互联网应用程序信息服务管理规定
- 互联网信息搜索服务管理规定
- 互联网直播服务管理规定
- 区块链信息服务管理规定
- 金融信息服务管理规定
- ……

应急
- 国家网络安全事件应急预案

培训/教育
- 关于加强网络安全学科建设和人才培养的意见
- 一流网络安全学院建设示范项目管理办法

《贯彻落实网络安全等级保护制度和关键信息基础设施安全保护制度的指导意见》（公网安〔2020〕1960号）
《中华人民共和国关键信息基础设施安全保护条例》（国务院令第745号）
网络安全等级保护制度体系
《国家信息化领导小组关于加强信息安全保障工作的意见》（中办发〔2003〕27号）
《中华人民共和国计算机信息系统安全保护条例》（国务院令第147号）

图7—1　我国网络安全政策法规体系

179

监督包括互联网监督作用。①

二是贯彻落实网络安全法律法规，明确本地区本部门网络安全的主要目标、基本要求、工作任务、保护措施：（1）建立和落实网络安全责任制，把网络安全工作纳入重要议事日程，明确工作机构，加大人力、财力、物力的支持和保障力度。（2）统一组织领导本地区本部门网络安全保护和重大事件处置工作，研究解决重要问题。（3）采取有效措施，为公安机关、国家安全机关依法维护国家安全、侦查犯罪以及防范、调查恐怖活动提供支持和保障。（4）组织开展经常性网络安全宣传教育，采取多种方式培养网络安全人才，支持网络安全技术产业发展。（5）行业主管监管部门对本行业本领域的网络安全负指导监管责任。没有主管监管部门的，由所在地区负指导监管责任。主管监管部门应当依法开展网络安全检查、处置网络安全事件，并及时将情况通报网络和信息系统所在地区网络安全和信息化领导机构。各地区开展网络安全检查、处置网络安全事件时，涉及重要行业的，应当会同相关主管监管部门进行。（6）加强和规范本地区本部门网络安全信息汇集、分析和研判工作，要求有关单位和机构及时报告网络安全信息，组织指导网络安全通报机构开展网络安全信息通报，统筹协调开展网络安全检查。（7）向中央网络安全和信息化委员会及时报告网络安全重大事项，包括出台涉及网络安全的重要政策和制度措施等；每年向中央网络安全和信息化委员会报告网络安全工作情况。（8）建立网络安全责任制检查考核制度，完善健全考核机制，明确考核内容、方法、程序，考核结果送干部主管部门，作

---

① 参见中共中央党史和文献研究院编：《习近平关于网络强国论述摘编》，中央文献出版社2021年版，第1—14页。

为对领导班子和有关领导干部综合考核评价的重要内容。[①]

四、网络安全发展趋势及未来展望

随着 5G、工业互联网发展，未来网络会渗入汽车、智能家居各个方面，网络安全将与我们每个人息息相关。一旦网络被入侵，它造成的伤害会远超于今天的网络瘫痪、政府数据泄露，影响人们生活的方方面面。不论是在疫情防控相关工作领域，还是在远程办公、教育、医疗及智能化生产等生产生活领域，大量新型互联网产品和服务应运而生，在助力疫情防控的同时进一步推进社会数字化转型，安全漏洞知识、恶意程序治理、云平台安全、数据安全、工业互联网安全、实战人才培养、安全运营等重点方向将成为未来一段时间关注焦点，牵引带动网络安全继续演进发展。

（一）全球漏洞共享机制遭遇严峻挑战

2022 年 5 月 26 日，美国商务部工业与安全局（BIS）正式发布了针对网络安全领域的最新的出口管制规定（以下简称新规），新规已经发布在美国政府公报网站《联邦公报》上。总的来说，新规和 2021 年发布的征求意见稿并无重大修改，微软等科技巨头却表露出担忧，全球网络安全漏洞共享机制很有可能遭遇严峻挑战。新规将全球国家分为 ABDE 四类，其中 D 类是最受关注、限制的国家和地区，中国被划分在 D 类里。

---

① 参见中共中央办公厅法规局编：《中国共产党党内法规汇编》，法律出版社 2021 年版，第 161—162 页。

根据新规的要求，各实体在与 D 类国家和地区的政府相关部门或个人进行合作时，必须要提前申请，获得许可后才能跨境发送潜在网络漏洞信息。当然条款也有例外，如果出于合法的网络安全目的，如公开披露漏洞或事件响应，无需提前申请。毫无疑问，此举使全球漏洞知识共享的沟通成本和合规压力大大增加，并直接影响微软等国际科技巨头在全球范围内与网络安全研究人员、漏洞赏金猎人的跨境合作，微软很多时候都是通过逆向工程和其他技术对漏洞进行分析后才发布相关的补丁和升级。据国家计算机网络应急技术处理协调中心统计，近年来我国网络安全漏洞继续呈上升趋势，2020 年同比增长 27.9%，2016 年以来年均增长率为 17.6%。其中，高危漏洞数量为 7420 个（占 35.8%），同比增长 52.1%；零日漏洞数量为 8902 个（占 43.0%），同比增长 56.0%，若漏洞分享机制遭破坏，将直接降低微软发现和修复漏洞的速度，对我国网络安全造成巨大影响。

（二）联网智能恶意程序呈现族群化特点

2020 年，国家计算机网络应急技术处理协调中心捕获联网智能设备恶意程序样本数量约 341 万个，同比上升 5.2%。其中，排名前 2 位的恶意程序样本家族及变种为 Mirai、Gafgyt，占比分别为 77.5% 和 13.9%，其他数量较多的家族还有 Tsunami、Mozi、Dark Nexus 等[1]；监测发现联网智能设备恶意程序传播源 IP 地址约 52 万个，在印度、俄罗斯、韩国、巴西、美国等国。根据抽样监测，发现境内联网智能设备被控端 2929.7 万

---

[1]　参见国家计算机网络应急技术处理协调中心：《2020 年中国互联网网络安全报告》，人民邮电出版社 2021 年版，第 142—143 页。

个，感染的恶意程序家族主要为 Pinkbot、Tsunami、Gafgyt、Mirai 等，攻击日均 3000 余起。通过控制联网智能设备发起的 DDoS 攻击日均 3000 余起。其中，以 P2P 传播模式控制的感染端 2299.7 万个，主要位于山东省、浙江省、河南省、江苏省等地区。目前，采用 P2P 传播方式的联网智能设备恶意程序非常活跃，给联网智能设备控制端集中打击清理工作带来新的挑战。通过对联网智能设备被控所形成的僵尸网络进行分析，发现累计控制规模大于 10 万台的僵尸网络共 53 个，控制规模为 1 万～10 万台的僵尸网络共 471 个，控制规模较大的控制端主要分布在美国、荷兰、俄罗斯、法国、德国等国。

（三）云平台安全成为攻击重点对象

随着云计算的快速发展，越来越多的重要信息系统和业务场景向云平台逐步迁移。云平台聚集了大量的应用系统和数据资源，使云平台的安全问题成为业界关注的重点。国家计算机网络应急技术处理协调中心从被攻击情况（即危害云的网络攻击）和被利用情况（即利用云发起网络攻击）两个方面对我国境内云网络安全事件进行跟踪监测，并对其网络安全态势进行综合评估。2020 年，国家计算机网络应急技术处理协调中心监测发现，我国境内云遭受大流量 DDoS 攻击次数占境内目标遭受大流量攻击次数的 74.0%，被植入后门数占境内被植入后门数的 88.1%，被篡改网站数占境内被篡改网站数的 88.6%，受木马或僵尸网络控制的主机 IP 地址占境内全部受木马或僵尸网络控制的主机 IP 地址的 0.7%。[①]

① 参见国家计算机网络应急技术处理协调中心：《2020 年中国互联网网络安全报告》，人民邮电出版社 2021 年版，第 27—28 页。

与 2019 年相比，2020 年由于云平台上承载的业务和数据越来越多，发生在云平台上的各类网络安全事件数量占比仍然较高，云平台被攻击事件在境内同类事件中的占比除木马或僵尸网络感染外均维持在较高比例，部分事件占比比 2019 年更高。

（四）工业领域网络安全风险治理持续推进

据国家计算机网络应急技术处理协调中心监测发现，我国境内直接暴露在互联网上的工业控制设备和系统存在高危漏洞隐患占比仍然较高。国家工信部在对能源、轨道交通等关键信息基础设施在线安全巡检中发现，20% 的生产管理系统存在高危安全漏洞。与此同时，工业控制系统已成为黑客攻击利用的重要对象，境外黑客组织对我国工业控制视频监控设备进行了针对性攻击。2020 年 2 月，针对存在某特定漏洞工业控制设备的恶意代码攻击持续半个月之久，攻击次数达 6700 万次，攻击对象包含数十万个 IP 地址，我国工业控制系统互联网侧安全风险仍较为严峻。

（五）数据安全成为网络安全体系建设新增量

随着我国"东数西算"、《"十四五"数字经济发展规划》等重要政策文件发布以及《中华人民共和国数据安全法》的实施，数据安全建设开始加速提上日程。数据安全建设涉及政策法规、技术保障、标准流程、管理制度等多方面问题，为此需要以法规监管要求和业务发展需要为输入，依靠技术工具和管理制度的支撑作用，打造从决策层、管理层到执行层的完整链条，最终形成数据安全的闭环体系。在此过程中，为了保障在收集、存储、加工、使用、交易等环节的数据全生命周期安全，需要多种数据安全技术与工具的赋能，这必将推动数据安全全线产品市场需求快速增长。

（六）实战型复合型网络安全人才培养提速升级

人才是第一资源。网络空间安全的核心竞争力在于专业人才，只有培养足够优秀的网络专业技术人才，才能保证国家在未来的网络空间战争中获得优势。近年来，网络空间安全人才的需求出现了爆发式增长，网络空间安全人才供不应求，出现结构性短缺。据《网络安全人才实战能力白皮书》统计，用人部门在招聘时最关注的是网络安全实战能力（60%），其次才是网络安全专业知识（45%）。这说明在网络安全领域，学历并不是用人企业最为看重的因素，企业需要的是具有实际操作能力，能够解决实际问题的安全技术人员，而不是只有学术能力、缺乏动手能力的人。就目前来看，网络安全市场上有经验的人才较少，预计未来3—5年内，具备实战技能的安全运维人员、管理人员与高水平的网络安全专家，将成为网络安全人才市场中最为稀缺和抢手的资源。《网络安全人才实战能力白皮书》还显示，到2027年，我国网络安全人员缺口将达327万，而高校人才培养规模仅为3万/年。预计在未来3—5年，国家将投入巨量财力物力，加快实战型复合型网络安全人才培养工作，逐步形成完备的网络空间安全人才培养体系。

（七）安全运营成为网络安全能力提升主要抓手

为解决网络安全服务人才的供需矛盾，各种自动化学习技术手段（如机器学习和人工智能）和相关产品正在不断研制以帮助提高网络安全服务的效率。在此背景下，"网络安全运营"概念脱颖而出，通过融合产品租赁、服务和管理三要素，提供常态化的网络安全运营保障服务和整体安全运营的交付支撑，帮助用户打造能面对实战化攻击的网络安全体系，一揽子解决用户缺顶层规划、缺资金、缺人手、效率低、缺运营的状况。未来几年，"网络安全运营"将会成为用户应对监管要求严、安全条目细、专业人员少等矛盾叠加所优先考虑的整体能力提升解决方案。

五、网络安全新动向

网络安全是国家安全的重要组成部分，其实质是攻防能力。随着俄乌冲突的持续，各国将进一步加大对网络空间攻防能力的建设，建立国家级应对网络战攻防能力，保卫网络空间国家主权、保护关键信息基础安全，保障数字化产业健康发展。

网络空间安全问题的解决离不开配套的战略、法规和政策的支持以及严格的管理手段，但更需要有可信赖的技术手段支持。[①]近年来，伴随着信息技术的快速发展和深度应用，涌现出一大批网络空间安全新技术，这些新技术呈现出零化、弹性化、匿名化、量子化和智能化等5个新特征。

（一）零安全技术成为网络空间安全的新标志

零安全技术主要包括零信任架构、零知识证明（如交互零知识证明、非交互零知识证明）、零中心技术（也就是无中心技术，如无中心公开密钥基础设施、区块链）、零存在模型、零密钥协议等。当前，这些技术的

---

① 参见冯登国：《准确把握网络空间安全技术发展的新特征 全力助推国家安全体系和能力现代化》，《中国科学院院刊》2022年第11期。

应用与实用化研究是一个值得关注的问题。其中，零信任技术近几年受到世界各国政府和企业界的高度重视。

零信任（Zero Trust）的核心思想是"从来不信任，始终在验证"（Never trust，always verify）。现有的大部分网络安全架构基于网络边界防护：人们在构建网络安全体系时，把网络划分为外网、内网和隔离区等不同区域，在网络边界上部署防火墙、入侵检测系统等进行防护。这种防护基于对内网的人、系统和应用的信任。因此，攻击者一旦突破网络安全边界进入内网，就会造成严重危害。由于云计算和虚拟化等技术的发展，计算能力和数据资源跨域存在和部署，网络边界越来越模糊，甚至消失。零信任安全架构就是基于这样的认知提出的，以适应新的安全需求。

目前，国际上非常关注零信任这项技术的应用，但也要正确看待这项技术的作用。零信任是一种以资源保护为核心的安全范式，其前提是信任从来不是永久授予的，而是必须持续进行评估。零信任将网络防护从基于网络边界的防护转移到关注用户、资产和资源。但是，零信任架构也有其适用范围：主要适用于在一个组织内部或与一个或多个合作伙伴组织协作完成的工作，不适用于面向公众或客户的业务流程——组织不能将内部的安全策略强加给外部参与者。使用了零信任架构未必就安全，不应否定深度防御和多层防御架构。

（二）弹性安全技术成为网络空间安全的新潮流

弹性安全技术主要包括弹性公钥基础设施（PKI）、定制可信空间（TTS）、移动目标防御（MTD）、棘轮安全机制、沙箱隔离、拟态防御（MD）、可信计算等。弹性安全技术可实现网络或系统的入侵容忍、内生安全、带菌生存、环境可信等。当前，仍需进一步关注这些技术的应用与实用化研究，有的还需进一步在实践中检验和验证。其中，弹性PKI被认为是新一代数字认证基础设施。

在网络环境下实体（如人员、设备）身份认证是一个普遍而重要的问题，需要像电力基础设施这样的通用基础设施来支撑。PKI就是这样一个数字认证基础设施，可用于解决网络环境下实体身份认证和行为不可抵赖性等问题，是构建网络空间信任体系的基石。在PKI环境中，其自身安全保障的重要性是举足轻重的。根据重要程度不同，可将PKI分成不同等级。弹性PKI主要用于国家级认证根或电子政务内网等重要部位，必须考虑众多安全威胁，包括内部人员犯罪、系统木马攻击等。

PKI一般由证书认证机构（CA）、证书管理系统、密钥管理系统、用户注册系统（RA）、目录服务系统和用户终端系统等组成，其核心基础是CA。弹性PKI的重点是实现CA的弹性；目前主要有单层式和双层式两类弹性CA系统结构。

（三）隐私保护技术成为网络空间安全的新焦点

隐私保护技术主要包括机密计算、匿名认证、匿名通信、差分隐私、联邦学习、同态加密、安全多方计算等。当前，这些技术还不够成熟，需要深入研究。部分隐私保护技术可用于解决使用中的数据安全问题，这类技术也被称为数据使用安全技术，如机密计算（Confidential Computing）、联邦学习、同态加密、安全多方计算。其中，机密计算是当前最热门的数据使用安全技术。

机密计算可为破解数据保护与利用之间的矛盾、实现多方信息流通过程中数据的"可用不可见"提供安全解决方案。机密计算关注的重点是构建机密计算平台，创新可信执行环境（Trusted Execution Environment，TEE）的技术实现方式和推动机密计算应用。为了推动机密计算的发展和应用，Linux基金会于2019年8月启动了机密计算联盟（Confidential Computing Consortium）技术咨询委员会。

目前，学术界、工业界对机密计算的定义已基本达成一致。机密计算联盟对机密计算的定义是：机密计算是通过在基于硬件的TEE中执行计算来保护使用中的数据；其中，TEE被定义为提供一定级别的数据完整性、数据机密性和代码完整性保证的环境。电气与电子工程师协会（IEEE）的定义是：机密计算是使用基于硬件的技术，将数据、特定功能或整个应用程序与操作系统、虚拟机监视器（Hypervisor）或虚拟机管理器及其他特权进程相互隔离。IBM公司的定义是：机密计算是一种云计算技术，它在处理过程中将敏感数据隔离在受保护的CPU"飞地"（Enclave）中。微软公司的定义是：机密计算是云计算中的下一个重大变革，是对现有的存储和传输中数据加密的基线安全保证的扩展，以及对计算过程中的数据进行的硬件加密保护。由此可见，机密计算可以被定义为一种保护使用中的数据安全的计算范式，它提供硬件级的系统隔离，保障数据安全，特别是多方参与下、正在使用中的数据安全。

（四）量子信息技术成为推动网络空间安全发展的新动力

量子信息技术（如量子通信、量子计算、量子传感）正在快速发展，尤其是安全界关心的量子计算技术正以惊人的速度发展。安全技术一般与计算能力有关，新型计算技术（如量子计算技术）可使计算能力大幅度提升，可解决现实世界中的复杂计算问题。同时，量子计算技术的发展可直接对现有安全技术（如算法、协议、方案）造成威胁，动摇其安全基础（如本原、困难问题）。因此，抵抗量子计算攻击的安全设计理论、安全分析评估方法、安全解决方案及新型困难问题的寻找和优化实现等都成为当前的研究热点。

目前，国际上非常重视抵抗量子计算攻击的密码研究，即研究对量子和经典计算都安全的密码，主要有两条技术路线。一是基于量子力学原理，可自然抵抗量子计算带来的安全威胁，这类密码被称为量子密码；其中最著名的量子密码是BB84密钥分配协议。二是基于数学的方法，依然沿着传统的思路发展，这类密码被称为抗量子计算密码，也被称为后量子密码。美国国家标准技术研究所（NIST）于2016年12月面向全球公开征集抗量子计算公钥密码，从而有力推动了抗量子计算公钥密码的发展。

量子计算尤其对传统公钥密码带来了前所未有的挑战。公钥密码主要用于密钥交换和安全认证，在数字化社会中十分重要。目前，被普遍认可的、基于数学的抗量子计算公钥密码主要有5类——基于格上困难问题的、基于编码随机译码困难问题的、基于杂凑（Hash）函数或分组密码安全性的、基于多变量方程求解困难问题的和基于超奇异椭圆曲线同源困难问题的。其中有很多科学问题、关键技术和应用问题仍需要深入研究。

（五）人工智能技术成为研究网络空间安全的新工具

人工智能安全主要包括自身安全、应用导致的安全，以及人工智能在安全领域中的应用等方面。当前，这些方面的研究还比较零散，不够深入、系统。其中，人工智能在网络空间安全领域中的应用最为关注，主要包括防御和攻击两个方面。

在防御方面，人工智能赋能防御技术提升防御的能力和水平。人工智能可有效提高威胁检测与响应能力；人工智能可提供较高的预防率和较低的误报率；人工智能可准确、快速地预防、检测和阻止网络威胁，识别分析未知文件；人工智能可克服人性的弱点抵御以人为突破口的攻击——人始终是防御体系中最薄弱的环节，利用人工智能可有效防范利用人性弱点的社会工程学攻击，目前所讲的主动式社会工程学防御就是为此目的。

在攻击方面，人工智能赋能攻击技术提升攻击的精准性、效率和成功率。深度学习赋能恶意代码生成可提升其免杀和生存能力，攻击者利用深度学习模型可提升识别和打击攻击目标的精准性；人工智能赋能僵尸网络攻击可提升其规模化和自主化能力；人工智能赋能漏洞挖掘过程可提升漏洞挖掘的自动化水平；人工智能可实现智能化和自动化的网络渗透能力。此外，人工智能可有效挖掘用户隐私信息。例如，随着概率图模型及深度学习模型的广泛应用，攻击者不仅可以挖掘用户外在特征模式，还可以发现其更稳定的潜在模式，从而可提升匿名用户的识别准确率；基于数据挖掘与深度学习，可有效地推测用户敏感信息（如社交关系、位置、属性）。

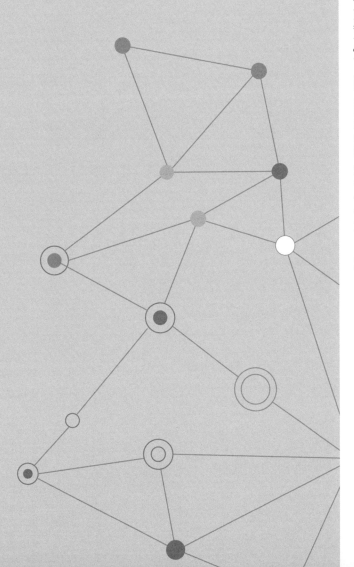

第八章　落实数字中国的筹划部署

2023年2月27日，中共中央、国务院印发了《数字中国建设整体布局规划》（以下简称《规划》），《规划》指出，建设数字中国是数字时代推进中国式现代化的重要引擎，是构筑国家竞争新优势的有力支撑。加快数字中国建设，对全面建设社会主义现代化国家、全面推进中华民族伟大复兴具有重要意义和深远影响。

2021年7月1日，在中国共产党建党100周年的历史时刻，党中央宣布将率领全国各族人民继续向着全面建成社会主义现代化强国的第二个百年奋斗目标迈进。作为第二个百年的首个五年规划，"十四五"规划具有十分重要的意义。"加快数字化发展　建设数字中国"被写进了《中华人民共和国国民经济和社会发展第十四个五年规划和2035年远景目标纲要》，并为之专设一章，明确提出了加快建设数字经济、数字社会、数字政府，以数字化转型整体驱动生产方式、生活方式和治理方式变革。党的二十大，进一步明确"网络强国""数字中国"[①]是建设现代化产业体系的重要内容。

建设数字中国，是迈向实现第二个百年奋斗目标进程中，摆在各级领导干部面前的一道"必考题"。各级党员干部尤其是领导干部要在推进产业数字化、数字产业化方面做足"文章"，持续壮大数字经济"块头"，争做数字经济发展的"引领者"和"急先锋"，以占领数字高地、赢得发展主动。当前，数字中国建设的主旋律是进一步加快完善数字基础设施，推进数据资源整合和开放共享，保障数据安全，更好地服务我国经济社

---

① 习近平：《高举中国特色社会主义伟大旗帜　为全面建设社会主义现代化国家而团结奋斗——在中国共产党第二十次全国代表大会上的报告》，人民出版社2022年版，第30页。

会发展和改善人民生活。

一、数字中国的起源和内涵

（一）习近平总书记关于数字中国重要论述

回顾历史，可以发现数字化一直是习近平总书记关注的焦点。习近平总书记 20 多年前在福建省工作的时候，就提出"数字福建"战略。习近平总书记指出："2000 年我在福建工作时，作出了建设数字福建的部署，经过多年探索和实践，福建在电子政务、数字经济、智慧社会等方面取得了长足进展。"[①]习近平总书记在福建省工作期间，极具前瞻性、创造性地作出了建设"数字福建"的战略决策，开创了数字省域建设的先河。

习近平总书记在浙江省工作期间作出了建设"数字浙江"的战略部署，强调要把建设"数字浙江"作为一项战略性任务、基础性工作、主导性政策研究好、落实好。浙江省坚定不移沿着习近平总书记指引的路子走下去，坚持"数字浙江"一张蓝图绘到底，党的十八大以来先后推出"四张清单一张网"、"最多跑一次"、政府数字化转型等重大改革，并在此基础上，率先启动实施数字化改革，推动全面深化改革向广度和深度进军，为高质量发展建设共同富裕示范区提供强劲动力。

习近平总书记在中央全面深化改革委员会第二十六次会议上指出：

---

① 《习近平致首届数字中国建设峰会的贺信》，《人民日报》2018 年 4 月 23 日。

"数据作为新型生产要素，是数字化、网络化、智能化的基础，已快速融入生产、分配、流通、消费和社会服务管理等各个环节，深刻改变着生产方式、生活方式和社会治理方式。"①

习近平总书记在党的二十大报告中指出："加快发展数字经济，促进数字经济和实体经济深度融合，打造具有国际竞争力的数字产业集群。优化基础设施布局、结构、功能和系统集成，构建现代化基础设施体系。"②

从建设数字福建、数字浙江到建设数字中国，习近平总书记始终准确把握信息时代脉动，推动我国数字化发展取得历史性成就。当前，数字技术日益融入经济社会发展各领域全过程，全面加速经济社会发展动力及模式创新，数字经济辐射范围之广、影响程度之深前所未有。据国家互联网信息办公室发布的《数字中国发展报告（2022年）》显示，2022年我国数字经济规模增至50.2万亿元，总量稳居世界第二；占国内生产总值比重提升至41.5%，成为推动经济增长的主要引擎之一。推动数字中国建设向更高标准更高质量迈进，是助力加快构建新发展格局、推动高质量发展的重要任务，更是助力我国全面建成社会主义现代化强国、实现第二个百年奋斗目标，以中国式现代化全面推进中华民族伟大复兴的重大使命。

---

① 《加快构建数据基础制度　加强和改进行政区划工作》，《人民日报》2022年6月23日。

② 习近平：《高举中国特色社会主义伟大旗帜　为全面建设社会主义现代化国家而团结奋斗——在中国共产党第二十次全国代表大会上的报告》，人民出版社2022年版，第30页。

（二）数字中国的重大意涵

建设数字中国是数字时代推进中国式现代化的重要引擎，是构筑国家竞争新优势的有力支撑。加快数字中国建设，对全面建设社会主义现代化国家、全面推进中华民族伟大复兴具有重要意义和深远影响。

数字中国是坚持以习近平新时代中国特色社会主义思想特别是习近平总书记关于网络强国的重要思想为指导，以满足人民日益增长的美好生活需要为目标，数字技术融入我国经济、社会、治理等各个领域，并驱动生产方式、生活方式和治理方式变革创新后呈现的一种经济社会新状态。数字中国建设以驱动引领经济、社会高质量发展为关键任务，重点围绕数字经济、数字社会、数字政府、数字生态四大领域，全面推进信息化建设。

数字中国包括以下几层含义。一是数字中国是国家信息化的新阶段。"宽带中国"、"互联网 +"、大数据、云计算、人工智能、数字经济、电子政务、新型智慧城市、数字乡村等都是数字中国的内容。二是数字中国建设应全面覆盖经济、社会、政府、生态四大核心领域。三是数字中国对经济发展方式转变、产业转型升级有着重要的促进作用，对创新社会管理、保障和改善民生有着重要的意义，对提升整个社会的运行效率乃至国家的竞争力都发挥着至关重要的作用。

数字中国建设的关键任务是要推进国家治理体系和治理能力现代化，数字中国建设要为推进国家治理体系和治理能力现代化提供有力支撑。习近平总书记指出："要运用大数据提升国家治理现代化水平。要建立健全大数据辅助科学决策和社会治理的机制，推进政府管理和社会治理模式创新，实现政府决策科学化、社会治理精准化、公共服务高效化。"①要全面贯彻网络强国战略，把数字技术广泛应用于政府管理服务，推动政府数字化、智能化运行，为推进国家治理体系和治理能力现代化提供有力支撑。数字化不仅是一场技术革命，更是一场治理变革，是对治理体系和治理能力的全方位、系统性重塑。推进数字化改革，必须充分运用数字化治理手段，推动治理模式变革、方式重塑、能力提升，加快构建现代化治理体系。

数字中国建设的根本目标是满足人民对美好生活的向往。习近平总书记强调："要把满足人民对美好生活的向往作为数字政府建设的出发点和落脚点，打造泛在可及、智慧便捷、公平普惠的数字化服务体系，让百姓少跑腿、数据多跑路。"②要运用大数据促进保障和改善民生，推进教育、就业、社保、医药卫生、住房、交通等领域大数据普及应用，深度开发各类便民应用，不断提升公共服务均等化、普惠化、便捷化水平。推进数字化改革，必须坚持数字惠民，围绕人的全生命周期推动数字化服务优质共享，构筑全民畅享的数字生活新图景。

二、建设数字中国的实践③和成效

2021 年 7 月，国家互联网信息办公室发布《数字中国发展报告（2020

---

① 中共中央党史和文献研究院编：《习近平关于网络强国论述摘编》，中央文献出版社 2021 年版，第 134 页。

② 《加强数字政府建设　推进省以下财政体制改革》，《人民日报》2022 年4 月 20 日。

③ 本部分引用、参考了国家互联网信息办公室等权威部门公开发布的相关信息。

年)》（以下简称《报告》)，《报告》总结了"十三五"时期数字中国建设的主要成就和 2020 年取得的新进展和新成效。《报告》表明，我国在核心信息技术创新及其应用方面取得重要进展。根据该报告提供的权威信息为基础，对我国数字中国的建设实践总结如下。

（一）"十三五"阶段的实践

早在 2013 年，国务院就印发了"宽带中国"战略及实施方案的通知。2015 年 7 月，国务院下发了关于积极促进"互联网 +"行动的指导意见，强调将人工智能、大数据和云计算等先进技术与"物联网"整合，促进实体经济发展，进一步挖掘传统经济的潜力。2016 年，"十三五"规划在制定过程中尤其注重科技创新与互联网经济，强调中国要在关系战略竞争的核心技术领域具有充分的自主性，对关键电子设备、高端通用芯片、基础软件、下一代互联网宽带通信、量子通信和量子计算等领域的重大项目要优先推进。《国家信息化发展战略纲要》确立了未来 10 年中国通信技术行业发展的路线图，《"十三五"国家战略性新兴产业发展规划》明确要发展包括人工智能、云计算、大数据、物联网在内的下一代通信技术，使其成为经济增长的新动力源与国家强盛的标志。中国的"一带一路"建设也与互联网相衔接，提出了建设 21 世纪信息丝绸之路的目标，旨在通过电子商务、智慧城市、数字贸易等促进全球互联互通。

（二）我国在数字中国建设方面取得重要进展

党的十八大以来，以习近平同志为核心的党中央抓住全球数字化发展与数字化转型的重大历史机遇，统筹推进数字中国建设。党的十九大明确提出建设"网络强国、交通强国、数字中国、智慧社会"①，数字中国首次写入党和国家纲领性文件。党的二十大进一步提出建设网络强国、数字中国。

2021 年，《中华人民共和国国民经济和社会发展第十四个五年规划和 2035 年远景目标纲要》专篇部署"加快数字化发展建设数字中国"，《"十四五"国家信息化规划》《"十四五"数字经济发展规划》等重大战略规划相继出台，规划"十四五"时期数字中国建设的宏伟蓝图。

习近平总书记强调："加快数字中国建设，就是要适应我国发展新的历史方位，全面贯彻新发展理念，以信息化培育新动能，用新动能推动新发展，以新发展创造新辉煌。"②各地各部门扎实推进数字基础设施、数字技术、数字经济、数字政府和数字社会建设，不断优化数字化发展环境，拓展数字领域国际合作，支撑统筹推进经济、政治、文化、社会和生态文明建设。党的十九大以来，数字中国建设取得显著成就：一是建成全球规模最大、技术领先的网络基础设施；二是数据资源价值加快释放；三是数字技术创新能力快速提升；四是数字经济发展规模全球领先；五是数字政府治理服务效能显著增强；六是数字社会服务更加普惠便捷；七是数字化发展治理取得明显成效；八是数字领域国际合作稳步拓展等。

---

① 习近平：《决胜全面建成小康社会　夺取新时代中国特色社会主义伟大胜利——在中国共产党第十九次全国代表大会上的报告》，人民出版社 2017 年版，第 31 页。

② 中共中央党史和文献研究院编：《习近平关于网络强国论述摘编》，中央文献出版社 2021 年版，第 46 页。

（三）数字中国建设质量效益提升显著

一是数字经济发展活力不断增强。数字经济持续快速增长，成为推动经济高质量发展的重要力量。我国数字经济总量跃居世界第二，成为引领全球数字经济创新的重要策源地。

二是数字政府服务效能显著提升。数字政府建设成为推进国家治理体系和治理能力现代化的有效手段，"掌上办""指尖办"成为政务服务标配，"一网通办""异地可办""跨省通办"渐成趋势，企业和群众获得感、满意度不断提升等。

三是信息便民惠民加速普及。我国网民规模由 2015 年底的 6.88 亿增长到 2022 年底的 10.67 亿，互联网普及率由 50.3% 提升到 75.6%。

四是网络空间国际合作深化拓展。我国积极参与联合国、G20、金砖国家、APEC、WTO 等多边机制数字领域国际规则制定，倡导发起《二十国集团数字经济发展与合作倡议》《"一带一路"数字经济国际合作倡议》《携手构建网络空间命运共同体行动倡议》《全球数据安全倡议》，为全球数字经济发展和网络空间治理贡献中国方案等。

五是信息化发展环境不断优化。信息化发展法律政策框架初步形成，《中华人民共和国网络安全法》《中华人民共和国电子商务法》《网络安全审查办法》等颁布实施，国家安全、社会公共利益和消费者权益得到有效维护。数据安全保障不断强化，《中华人民共和国个人信息保护法（草案）》《中华人民共和国数据安全法（草案）》等向社会公开征求意见等。

六是信息基础设施建设规模全球领先。我国建成全球规模最大的光纤网络和 4G 网络，固定宽带家庭普及率由 2015 年底的 52.6% 提升到 2020 年底的 96%，移动宽带用户普及率由 2015 年底的 57.4% 提升到 2020 年底的 108%，全国行政村、贫困村通光纤和通 4G 比例均超过 98%。

七是信息技术创新能力持续提升。创新驱动发展战略深入实施，世界知识产权组织发布的全球创新指数排名显示，我国排名从 2015 年的第 29 位跃升至 2020 年的第 14 位。

（四）数字经济发展成效突出，动能强劲

一是数字产业化规模不断壮大。数字产业化加快发展，信息技术产业不断壮大，质量效益稳步提升。

二是产业数字化转型步伐加快。国家发展改革委联合相关部门、地方、企业近 150 家单位启动数字化转型伙伴行动，推出 500 余项帮扶举措，有力支持中小微企业数字化转型纾困。

三是新业态新模式不断涌现。数字经济渗透衣食住行娱各个领域，促使消费形式更加丰富多元，新兴业务市场不断拓展。

四是区域数字经济创新发展迅速。京津冀、长江经济带、粤港澳大湾区、成渝地区双城经济圈等区域持续聚焦发展先进计算、人工智能、高端芯片等数字经济核心产业，成为数字经济区域创新高地。

（五）数字政府治理效能持续提升

一是顶层设计和工作机制更加健全。数字政府建设加快推进，国家电子政务统筹协调机制作用更好发挥，电子政务制度规则体系更加健全，标准规范体系更加完备，电子政务重大政策举措的一致性和协调性进一步增强。

二是在线政务服务不断优化。全国一体化政务服务平台已联通 31 个省（区、市）及新疆生产建设兵团、46 个国务院部门，接入地方部门300 余万项政务服务事项和一大批高频热点公共服务，政务服务正从政府供给导向向群众需求导向转变，从"线下跑"向"网上办"、由"分头办"向"协同办"的成效更加明显。

三是政务数据共享步伐加快。全国一体化数据共享交换平台建成，公共信息资源开放有效展开，政务信息整合共享工作基本实现"网络通、数据通"的阶段性目标。

四是电子政务支撑行政效能加快提升。全国人大机关在中国人大网上正式开通网上信访平台，积极建设"互联网 + 信访"工作模式。国家法律法规数据库初步建成，囊括了截至 2019 年 12 月底现行有效的法律、行政法规、司法解释和地方性法规，于 2020 年 2 月开放给中央国家机关和地方各级人大试用。

五是"互联网 + 监管"深入推进。全国一体化在线监管体系初步建成，事中事后监管效能不断提升。

六是"互联网 + 督查"取得初步成效。中央政府门户网站开通的国务院"互联网 + 督查"平台及小程序影响力持续提升，为企业群众搭建社情民意直通车，大范围拓宽了督查线索来源渠道，优化督查方式，提高督查实效，有力促进相关难点堵点痛点问题解决，推动党中央、国务院重大政策措施落地见效。

三、数字中国的建设目标

国民经济和社会发展第十四个五年规划首次将"数字中国"以独立篇章的方式全面铺开数字中国宏伟蓝图，彰显了推进网络强国建设的决心，明确提出要迎接数字时代，激活数据要素潜能，推进网络强国建设，加快建设数字经济、数字社会、数字政府，以数字化转型整体驱动生产方式、生活方式和治理方式变革。在"十四五"规划中还提出了2035年数字中国的远景目标，分别是"打造数字经济新优势""加快数字社会建设步伐""提高数字政府建设水平""营造良好数字生态"。这些远景目标是各地建设数字中国的方向。

（一）"十四五"目标

"十四五"国家信息化规划提出，到2025年，数字中国建设取得决定性进展，信息化发展水平大幅跃升，数字基础设施全面夯实，数字技术创新能力显著增强，数据要素价值充分发挥，数字经济高质量发展，数字治理效能整体提升。

1. 数字基础设施体系更加完备

5G网络普及应用，明确第六代移动通信（6G）技术愿景需求。北斗系统、卫星通信网络商业应用不断拓展。IPv6与5G、工业互联网、车联网等领域融合创新发展，电网、铁路、公路、水运、民航、水利、物流等基础设施智能化水平不断提升。数据中心形成布局合理、绿色集约的一体化格局。以5G、物联网、云计算、工业互联网等为代表的数字基础设施能力达到国际先进水平。

2. 数字技术创新体系基本形成

关键核心技术创新能力显著提升，集成电路、基础软件、装备材料、核心元器件等短板取得重大突破。网信企业技术创新能力大幅提升，产学研用协同创新的生态体系基本形成，自由灵活创新市场机制有效建立，国家级共性基础技术平台初步建成，开源社区生态建设取得重要进展。

信息化法律法规和标准规范体系基本形成，人才培育引进和激励保障机制更加健全。

3. 数字经济发展质量效益达到世界领先水平

数字产业化、产业数字化繁荣发展，数字技术和实体经济深度融合，形成一批具有国际竞争力的数字产业集群。产业基础高级化、产业链现代化水平明显提高，产业链供应链稳定性、安全性和竞争力显著增强。数字经济新业态新模式健康发展，数字营商环境不断优化，数字产品和服务市场更加强大。

4. 数字社会建设稳步推进

党建引领、服务导向、资源整合、信息支撑、法治保障的数字社会治理格局基本形成。社会治安和公共安全体系日臻完善，风险早期识别和预报预警能力显著提升，突发公共事件应急能力显著增强。信息化推进基层治理水平明显提高。新型智慧城市分级分类有序推进，数字乡村建设稳步开展，城乡信息化协调发展水平显著提升。

5. 数字政府建设水平全面提升

与新时代党治国理政相适应的党政机关信息化建设和管理体系基本形成。全国范围内政务服务事项基本做到标准统一、整体联动、业务协同，线上线下相融合的政务服务模式全面推广，全国一体化政务服务能力显著提升。权威高效的政务数据共享协调机制不断健全，公共数据资源开放标准和激励机制更加完善，数据资源利用水平显著提升。事中事后监管效能不断增强，公正监管不断完善。

6. 数字民生保障能力显著增强

无障碍信息化设施持续建设优化，公共服务体系更加便捷惠民，信息化对基本民生保障、基本社会服务的支撑作用有效发挥，教育、医疗、就业、社保、民政、文化等领域数字公共服务均等化水平明显提高，多样化、便捷化的数字民生服务供给能力显著增强，城乡区域间服务水平差距明显缩小，全民数字素养与技能稳步提升。数字化发展环境日臻完善。规范有序的数字化发展治理能力明显提升，数字生态不断优化，新技术新产品新业态新模式的创新活力充分激发，网络空间治理能力和安全保障能力显著增强。

（二）重点领域远景目标

1. 数字经济建设远景规划

数字经济重点包括数字产业化、产业数字化以及各种支撑平台和技术。

一是加强关键数字技术的创新。聚焦高端芯片、操作系统、人工智能关键算法、传感器等关键领域，加快推进基础理论、基础算法、装备材料等研发突破与迭代应用。加强通用处理器、云计算系统和软件核心技术一体化研发。加快布局量子计算、量子通信、神经芯片、DNA 存储等前沿技术，加强信息科学与生命科学、材料等基础学科的交叉创新，支持数字技术开源社区等创新联合体发展，完善开源知识产权和法律体系，鼓励企业开放软件源代码、硬件设计和应用服务。

二是加快推动数字产业化。培育壮大人工智能、大数据、区块链、云计算、网络安全等新兴数字产业，提升通信设备、核心电子元器件、关键软件等产业水平。构建基于 5G 的应用场景和产业生态，在智能交通、智慧物流、智慧能源、智慧医疗等重点领域开展试点示范。鼓励企业开放搜索、电商、社交等数据，发展第三方大数据服务产业。促进共享经济、平台经济健康发展。

三是推进产业数字化转型。实施"上云用数赋智"行动，推动数据赋能全产业链协同转型。在重点行业和区域建设若干国际水准的工业互联网平台和数字化转型促进中心，深化研发设计、生产制造、经营管理、市场服务等环节的数字化应用，培育发展个性定制、柔性制造等新模式，加快产业园区数字化改造。深入推进服务业数字化转型，培育众包设计、智慧物流、新零售等新增长点。加快发展智慧农业，推进农业生产经营和管理服务数字化改造。

2. 数字社会建设远景规划

这一部分规划重点是加强公共服务、数字城乡。

一是提供智慧便捷的公共服务。聚焦教育、医疗、养老、抚幼、就业、文体、助残等重点领域，推动数字化服务普惠应用，持续提升群众获得感。推进学校、医院、养老院等公共服务机构资源数字化，加大开放共享和应用力度。推进线上线下公共服务共同发展、深度融合，积极发展在线课堂、互联网医院、智慧图书馆等，支持高水平公共服务机构对接基层、边远和欠发达地区，扩大优质公共服务资源辐射覆盖范围。加强智慧法院建设。鼓励社会力量参与"互联网 + 公共服务"，创新提供服务模式和产品。

二是建设智慧城市和数字乡村。以数字化助推城乡发展和治理模式创新，全面提高运行效率和宜居度。分级分类推进新型智慧城市建设，将物联网感知设施、通信系统等纳入公共基础设施统一规划建设，推进市政公用设施、建筑等物联网应用和智能化改造。完善城市信息模型平台和运行管理服务平台，构建城市数据资源体系，推进城市数据大脑建设。探索建设数字孪生城市。加快推进数字乡村建设，构建面向农业农村的综合信息服务体系，建立涉农信息普惠服务机制，推动乡村管理服务数字化。

三是构筑美好数字生活新图景。推动购物消费、居家生活、旅游休闲、交通出行等各类场景数字化，打造智慧共享、和睦共治的新型数字生活。推进智慧社区建设，依托社区数字化平台和线下社区服务机构，建设便民惠民智慧服务圈，提供线上线下融合的社区生活服务、社区治理及公共服务、智能小区等服务。丰富数字生活体验，发展数字家庭。加强全民数字技能教育和培训，普及提升公民数字素养。加快信息无障碍建设，帮助老年人、残疾人等共享数字生活。

3. 数字政府建设远景规划

本章重点从加强数据开放共享、推动政务信息化共建共用等方面提出了任务要求。

一是加强公共数据开放共享。建立健全国家公共数据资源体系，确保公共数据安全，推进数据跨部门、跨层级、跨地区汇聚融合和深度利用。健全数据资源目录和责任清单制度，提升国家数据共享交换平台功能，深化国家人口、法人、空间地理等基础信息资源共享利用。扩大基础公共信息数据安全有序开放，探索将公共数据服务纳入公共服务体系，构建统一的国家公共数据开放平台和开发利用端口，优先推动企业登记监管、卫生、交通、气象等高价值数据集向社会开放。开展政府数据授权运营试点，鼓励第三方深化对公共数据的挖掘利用。

二是推动政务信息化共建共用。加大政务信息化建设统筹力度，健全政务信息化项目清单，持续深化政务信息系统整合，布局建设执政能力、依法治国、经济治理、市场监管、公共安全、生态环境等重大信息系统，提升跨部门协同治理能力。完善国家电子政务网络，集约建设政务云平台和数据中心体系，推进政务信息系统云迁移。加强政务信息化建设快速迭代，增强政务信息系统快速部署能力和弹性扩展能力。

三是提高数字化政务服务效能。全面推进政府运行方式、业务流程和服务模式数字化智能化。深化"互联网＋政务服务"，提升全流程一体化在线服务平台功能。加快构建数字技术辅助政府决策机制，提高基于高频大数据精准动态监测预测预警水平。强化数字技术在公共卫生、自然灾害、事故灾难、社会安全等突发公共事件应对中的运用，全面提升预警和应急处置能力。

4. 数字生态建设远景规划

规划从营造开放、健康、安全的数字生态等方面提出了任务要求。

一是建立健全数据要素市场规则。统筹数据开发利用、隐私保护和公共安全，加快建立数据资源产权、交易流通、跨境传输和安全保护等基础制度和标准规范。建立健全数据产权交易和行业自律机制，培育规范的数据交易平台和市场主体，发展数据资产评估、登记结算、交易撮合、争议仲裁等市场运营体系。加强涉及国家利益、商业秘密、个人隐私的数据保护，加快推进数据安全、个人信息保护等领域基础性立法，强化数据资源全生命周期安全保护。完善适用于大数据环境下的数据分类分级保护制度。加强数据安全评估，推动数据跨境安全有序流动。

二是营造规范有序的政策环境。构建与数字经济发展相适应的政策法规体系。健全共享经济、平台经济和新个体经济管理规范，清理不合理的行政许可、资质资格事项，支持平台企业创新发展、增强国际竞争力。依法依规加强互联网平台经济监管，明确平台企业定位和监管规则，完善垄断认定法律规范，打击垄断和不正当竞争行为。探索建立无人驾驶、在线医疗、金融科技、智能配送等监管框架，完善相关法律法规和伦理审查规则。健全数字经济统计监测体系。

三是加强网络安全保护。健全国家网络安全法律法规和制度标准，加强重要领域数据资源、重要网络和信息系统安全保障。建立健全关键信息基础设施保护体系，提升安全防护和维护政治安全能力。加强网络安全风险评估和审查。加强网络安全基础设施建设，强化跨领域网络安全信息共享和工作协同，提升网络安全威胁发现、监测预警、应急指挥、攻击溯源能力。加强网络安全关键技术研发，加快人工智能安全技术创新，提升网络安全产业综合竞争力。加强网络安全宣传教育和人才培养。

四是推动构建网络空间命运共同体。推进网络空间国际交流与合作，推动以联合国为主渠道、以联合国宪章为基本原则制定数字和网络空间国际规则。推动建立多边、民主、透明的全球互联网治理体系，建立更加公平合理的网络基础设施和资源治理机制。积极参与数据安全、数字货币、数字税等国际规则和数字技术标准制定。推动全球网络安全保障合作机制建设，构建保护数据要素、处置网络安全事件、打击网络犯罪的国际协调合作机制。向欠发达国家提供技术、设备、服务等数字援助，使各国共享数字时代红利。积极推进网络文化交流互鉴。

四、建设数字中国的原则和布局

各级领导干部应在体制机制创新、人才培育与引进、平台打造、产业配套等方面齐发力，坚持用创新的思维、创新的举措突破瓶颈、解决问题，汇聚一切创新要素，以"创新引擎"为经济发展赋能、为增进人民福祉添彩，让数字经济潜力不断得到释放。

（一）建设数字中国的基本原则

数字中国建设的基本原则就是要坚持和加强党的全面领导。要把坚持和加强党的全面领导贯穿数字政府建设各领域各环节，坚持正确政治方向。党是领导一切的，是最高的政治领导力量。推进数字化改革，必须始终坚持和加强党的全面领导，不折不扣落实中央各项决策部署，确保改革沿着正确方向阔步前进。

数字中国建设要做好以下 6 个坚持。

坚持以人民为中心。把增进人民福祉、促进人的全面发展作为信息化发展的出发点和落脚点，构建数字社会、数字政府，打造高品质数字生活，不断实现人民群众对美好生活的向往。

坚持党的全面领导。坚持和完善党领导信息化发展的体制机制，加强数字中国建设的顶层设计、统筹协调、整体推进和督促落实，为实现信息化高质量发展提供根本保证。

坚持新发展理念。把新发展理念贯穿数字中国建设全过程和各领域，以信息化培育新动能，用新动能推动新发展，推动构建新发展格局，促进质量变革、效率变革、动力变革。

坚持深化改革开放。充分发挥市场配置资源的决定性作用，更好发挥政府作用，破除制约数字生产力释放的体制机制障碍，完善数据治理基础制度，开创数字领域国际合作新局面。

坚持系统推进。遵循信息化发展规律，统筹国内国际两个大局，坚持全国一盘棋，更好发挥中央、地方和各方面积极性，着力固根基、扬优势、补短板、强弱项，增强数字中国建设的系统性、整体性和协调性。

坚持安全和发展并重。树立科学的网络安全观，切实守住网络安全底线，以安全保发展、以发展促安全，推动网络安全与信息化发展协调一致、齐头并进，统筹提升信息化发展水平和网络安全保障能力。

数字中国建设应把握好战略重点。首先，总的目标一定要与当前中国经济社会的发展目标一致，与经济社会发展的紧迫需求一致，与国家的经济、科技、资源实力一致。其次，在信息数字化、业务数字化、数字转型三个方面，不同行业有不同的发展需求，需要从国际、国内总的发展形势出发，审慎研究和分析，确定优先领域，按照"紧迫必须""确有效益""锦上添花"三个等级区分项目。最后，从国家角度来看，建设数字中国的当务之急，仍然是产业的数字化发展，特别是制造业的数字化和制造企业的数字转型。在这个过程中，可以充分借助产业互联网的力量，规模化推进企业数字转型，促进消费互联网向产业互联网转型，为中国企业数字化发展提速增效。

（二）数字中国建设整体布局

2023年2月，中共中央、国务院印发了《数字中国建设整体布局规划》（以下简称《规划》），对贯彻落实国家"十四五"规划和2035年远景目标纲要的相关内容进一步深化工作要求和部署。

《规划》指出，要坚持稳中求进工作总基调，完整、准确、全面贯彻新发展理念，强化系统观念和底线思维，加强整体布局，按照夯实基础、赋能全局、强化能力、优化环境的战略路径，全面提升数字中国建设的整体性、系统性、协同性，促进数字经济和实体经济深度融合，以数字化驱动生产生活和治理方式变革，为以中国式现代化全面推进中华民族伟大复兴注入强大动力。

《规划》还强调加强对数字中国建设的监测、评估与考核，完成管理闭环，例如将数字中国建设工作情况作为对有关党政领导干部考核评价的参考，增强领导干部和公务员数字思维、数字认知、数字技能等。

《规划》进一步明确数字中国建设按照"2522"的整体框架进行布

局，即夯实数字基础设施和数据资源体系"两大基础"，推进数字技术与经济、政治、文化、社会、生态文明建设"五位一体"深度融合，强化数字技术创新体系和数字安全屏障"两大能力"，优化数字化发展国内国际"两个环境"。

1. 夯实"两大基础"

建设数字中国的两大基础，一个是物理上的"硬关键基础设施"，另一个是数据资源这个"软关键基础设施"。两者同等重要，但在落地的角度看，"硬关基"通过投资基本可以解决，"软关基"则需要从思想认识、治理模式、行政理念、法律环境等各个方面开展深刻的创新，才能够为数字中国"五位一体"发展提供更好的条件，更好地准备就绪。

第一，打通数字基础设施大动脉。加快 5G 网络与千兆光网协同建设，深入推进 IPv6 规模部署和应用，推进移动物联网全面发展，大力推进北斗规模应用。系统优化算力基础设施布局，促进东西部算力高效互补和协同联动，引导通用数据中心、超算中心、智能计算中心、边缘数据中心等合理梯次布局。整体提升应用基础设施水平，加强传统基础设施数字化、智能化改造。

第二，畅通数据资源大循环。构建国家数据管理体制机制，健全各级数据统筹管理机构。推动公共数据汇聚利用，建设公共卫生、科技、教育等重要领域国家数据资源库。释放商业数据价值潜能，加快建立数据产权制度，开展数据资产计价研究，建立数据要素按价值贡献参与分配机制。

从应用的角度看，数字中国就是对"数据"这一新型基础性资产按照新的目标、要求、逻辑和规则进行传递与分析，释放其在整体社会效率提升、运行模式优化、全民价值创方面的效用。数据要素价值的充分释放，将促进产业链全要素的生产力提升，助推经济高质量发展，以及产业优化升级。在这个过程中，数据开放共享将成为必选题，数据流通机制、数据交易平台的构建则是重要举措。

2. 与"五位一体"融合发展

2012 年，党的十八大首次提出中国特色社会主义事业总布局是"五位一体"。《数字中国建设整体布局规划》首次提出推进数字技术与"五位一体"深度融合，意义十分深远。

第一，与经济融合。做强做优做大数字经济。培育壮大数字经济核心产业，打造具有国际竞争力的数字产业集群。在农业、工业、金融、教育、医疗、交通、能源等重点领域，加快数字技术创新应用。支持数字企业发展壮大，健全大中小企业融通创新工作机制，发挥"绿灯"投资案例引导作用，推动平台企业规范健康发展等。

第二，与政务融合。发展高效协同的数字政务。加快制度规则创新，完善与数字政务建设相适应的规章制度。强化数字化能力建设，促进信息系统网络互联互通、数据按需共享、业务高效协同。提升数字化服务水平，加快推进"一件事一次办"，推进线上线下融合，加强和规范政务移动互联网应用程序管理等。

第三，与文化融合。打造自信繁荣的数字文化。大力发展网络文化，加强优质网络文化产品供给。推进文化数字化发展，建设国家文化大数据体系，形成中华文化数据库。提升数字文化服务能力，打造若干综合性数字文化展示平台，加快发展新型文化企业、文化业态、文化消费模式等。

第四，与社会融合。构建普惠便捷的数字社会。促进数字公共服务普惠化，大力实施国家教育数字化战略行动，完善国家智慧教育平台，发展数字健康，规范互联网诊疗和互联网医院发展。推进数字社会治理精准化，深入实施数字乡村发展行动。普及数字生活智能化，打造智慧便民生活圈、新型数字消费业态、面向未来的智能化沉浸式服务体验。

第五，与生态文明融合。建设绿色智慧的数字生态文明。推动生态环境智慧治理，加快构建智慧高效的生态环境信息化体系，加快数字化绿色化协同转型。倡导绿色智慧生活方式等。

以上 5 个方面的融合质量，决定了"数字中国"的建设水平，决定了"数字中国"建设的投入产出。为此，应坚持以需求为核心，社会公众、社会管理、经济发展需要什么，在应用上就提供什么样的内容和服务，不仅搭建数字平台，还要有过硬的产品。如果没有好产品和应用，不能适应社会需求，我们所搭建的数字中设施和平台的功效就会大打折扣。

3. 强化"两大能力"

《规划》指出，强化数字中国关键能力从两个方面着手。一是构筑自立自强的数字技术创新体系，包括新型举国体制、产学研深度融合、加强知识产权保护、知识产权转化收益分配机制等；二是筑牢可信可控的数字安全屏障，包括完善网络安全法律法规和政策体系、建立数据分类分级保护基础制度，健全网络数据监测预警和应急处置工作体系等。

我国已颁布实施《中华人民共和国网络安全法》《中华人民共和国数据安全法》《中华人民共和国个人信息保护法》，构成保障数字中国安全的三大法治基石。在数字中国建设过程中，应结合各地实际、结合具体场景，逐步完善上述法律的配套规定和标准，潜在的重点任务包括推动数据分类分级，从风险的角度深度加强数据安全保护能力，加强网络数据监测预警和应急处置等。

4. 优化"两个环境"

《规划》指出，优化数字化发展环境从国内、国际两个方面着手。其核心思想贯彻了党的二十大报告提出的"健全网络综合治理体系，推动形成良好网络生态"的要求。

一是面向国内，建设公平规范的数字治理生态。完善法律法规体系，加强立法统筹协调，研究制定数字领域立法规划，及时按程序调整不适应数字化发展的法律制度。构建技术标准体系，编制数字化标准工作指南，加快制定修订各行业数字化转型、产业交叉融合发展等应用标准。提升治理水平，健全网络综合治理体系，提升全方位多维度综合治理能力，构建科学、高效、有序的管网治网格局，净化网络空间，创新推进网络文明建设。

二是面向国际，构建开放共赢的数字领域国际合作格局。统筹谋划数字领域国际合作，建立多层面协同、多平台支撑、多主体参与的数字领域国际交流合作体系，拓展数字领域国际合作空间，积极参与联合国、世界贸易组织、二十国集团、亚太经合组织、金砖国家、上合组织等多边框架下的数字领域合作平台，积极参与数据跨境流动等相关国际规则构建。

对内坚持多方协同参与，健全综合治理体系，形成党委领导、政府管理、各类主体履责、社会监督、网民自律的网络与数据治理格局，形成公平规范的网络与数字生态。对外我们必须清醒地认识到，数字领域的国际合作事关数字中国发展的大局，是推动我国经济高质量发展、加快构建新发展格局的客观要求，有助于在国际上及时提出中国方案、发出中国声音。

（三）建设数字中国的推进路径

数字中国建设以"三融五跨"为推进路径。习近平总书记强调："统筹推进技术融合、业务融合、数据融合，提升跨层级、跨地域、跨系统、跨部门、跨业务的协同管理和服务水平。"[①]"三融五跨"要求改变条块分割、各自为政的数据传递、决策执行模式，推动数据全量化的融合、开放、共享和条块业务大跨度、大范围的协同整合，这既是数字化工作必须遵循的推进路径，也是衡量数字化发展成效的重要标志。对于"三融五跨"都需要体制创新、机制创新、组织创新和流程创新，总之，建设数字中国，只有创新这一条路，没有捷径。

五、坚持"以人民为中心"创新性地开展数字中国建设

"十四五"时期，我国经济社会的发展在各个方面都必须遵循坚持以人民为中心的原则，这是由我们党的根本宗旨、我国经济社会发展的根本目的和人民在我们国家的主体地位决定的。数字中国建设为我国各项经济社会事业的发展提供信息技术和信息资源支撑，提供新型能力和新型方案，构成经济社会发展的新型底座，其底层思路逻辑必须以服务好人民为核心。

第一，为人民服务是数字中国建设的出发点和根本宗旨。习近平总书记在党的二十大报告中指出："坚持以人民为中心的发展思想。维护人民根

---

① 《加强数字政府建设　推进省以下财政体制改革》，《人民日报》2022 年 4 月 20 日。

本利益，增进民生福祉，不断实现发展为了人民、发展依靠人民、发展成果由人民共享，让现代化建设成果更多更公平惠及全体人民。"[1]

数字中国建设为我国经济建设、政治建设、社会建设、文化建设、生态文明建设提供信息化技术和信息资源支撑，推动我国实现数字经济优质化、数字治理高效化和智慧生活惠民化。其建设目标、功能、效用，都必须体现以人民为中心的根本立场，把为人民谋幸福作为根本使命，把实现好、维护好、发展好最广大人民根本利益作为发展的出发点和落脚点。

以人民为中心，是党坚持为人民执政、靠人民执政，做到发展为了人民、发展依靠人民、发展成果由人民共享的崇高价值追求。以人民为中心，也是党和国家在经济社会发展中长期坚持的根本原则，是确保数字中国建设朝着正确方向前进的准绳。

第二，满足人民日益增长的美好生活需要，是数字中国建设的根本目的。随着经济发展水平的提高，人民对美好生活的需求在不断提升，经济社会发展就要向着不断满足人民更高需求的方向迈进。数字中国建设要落脚于满足人民日益增长的美好生活需要，"造福社会、造福人民"，全面优化信息基础设施，推广应用数字技术，提供信息惠民便民服务，提高人民生活的智能化、便捷化水平，让人民群众在信息化、数字化发展中有更多的获得感、幸福感、安全感，更好促进人的全面发展和社会全面进步。

---

① 习近平：《高举中国特色社会主义伟大旗帜　为全面建设社会主义现代化国家而团结奋斗——在中国共产党第二十次全国代表大会上的报告》，人民出版社 2022 年版，第 27 页。

数字中国作为一个庞大规模的、自上而下的、有组织的信息网络体系，基于移动互联、物联网、大数据、云计算、人工智能的飞速发展，从源头上丰富了人们的需求、从理念上改变了人们的行为、从方式上创新了人们的选择。大大增强了公共服务、国家管理和社会治理的智能化、便捷化程度，改变着人们的生产方式、工作方式、交往方式、生活方式、思维方式等，以数字化、智能化技术驱动数字惠民。

在向第二个百年奋斗目标进军之际，需要把数字化贯穿发展全过程和各领域，助力转变发展方式，推动质量变革、效率变革、动力变革，实现更高质量、更有效率、更加公平、更可持续、更为安全的发展。

第三，人民是历史的创造者，是数字中国建设的主体。数字中国建设是在信息化阶段的贯彻落实为人民服务这一初心、理念的重大实践工程，要充分认识到数字中国的服务对象是人民群众，要切实摆正数字中国的建设者、用户、客户的位置。干什么，怎么干，都要以人民的利益和需求为标准，以人民群众的满意为衡量。

随着数字中国建设的深入，我国经济社会的治理结构、治理观念、治理行为都将继续发生深刻变化，但始终不变的是人民在经济社会发展中的主体地位。所以，在数字中国建设中，要时刻清醒认识到保障人民依法通过各种途径和形式管理国家事务、管理经济文化事业、管理社会事务；强调激发全体人民积极性、主动性、创造性；充分调动一切积极因素，广泛团结一切可以团结的力量，形成推动发展的强大合力。数字中国建设必须符合以人民为中心的发展思想、以人民为主体的执政理念，并精心布局、精心建设、精心调配，在国民经济和社会的各个层面落地。

1. 以人民为中心深化数字政府建设

当前，世界各国纷纷推行数字政府建设，以提高处理和解决复杂事务的能力，已成为国家软实力竞争的重要领域。数字政府以构建整体性治理和透明服务型的现代政府为目标，以大数据、云计算、人工智能、物联网、区块链等新一代数字技术为支撑，以数据为基础，打造高效的政务运行体系、普惠的在线服务体系、共享的社会治理体系、公正的执法监管体系，对政府治理的体制机制、组织架构、方式流程、手段工具等全方位系统性重塑，加速政府治理现代化进程。

数字政府作为数字中国的重要组成部分，是强化政府运行、决策、服务、监管能力的重要引擎，实现政府治理体系和治理能力现代化的有力抓手，是构筑数字社会治理体系和普惠数字民生保障体系的基础，在数字中国战略中具有重要的基础性、规约性、导引性作用，是实现国民经济和社会高质量发展的基本要求。

数字中国是一个有机关联的整体，数字政府将有效增强数字中国的体系化和协调性，确保数字化事业的健康、安全、可持续发展。

（1）数字政府建设应坚持服务于人民，问计于人民。数字政府建设要明确为谁而建、为何而建和如何建设的问题，厘清数字政府建设的目标、功能和路径。2022年4月19日，中央全面深化改革委员会审议通过《关于加强数字政府建设的指导意见》（以下简称《指导意见》）。习近平总书记在主持会议时强调："要全面贯彻网络强国战略，把数字技术广泛应用于政府管理服务，推动政府数字化、智能化运行，为推进国家治理体系和治理能力现代化提供有力支撑。"[①]这是首次从国家顶层设计高度，以"数字政府"命名的指导性文件，是对新时代全面开创数字政府建设

---

① 《加强数字政府建设 推进省以下财政体制改革》，《人民日报》2022年4月20日。

新局面作出的清晰定位、规划部署和全新动员。《指导意见》主要回答了数字政府为谁而建，以及如何建立健全数字政府的制度体系和安全保障体系，为"十四五"时期数字政府建设明确了方向。

《指导意见》提出，要把满足人民对美好生活的向往作为数字政府建设的出发点和落脚点。这意味着数字政府建设是以人民为中心，一切从人民群众的需求出发，通过数字化手段提供优质公共服务。必须深刻认识到数字技术是手段而不是目标，不能为了数字化而数字化，导致数字政府建设本末倒置。归根结底，数字政府建设是为了满足人民日益增长的美好生活需要。

（2）数字政府建设框架及工作组织方式。《指导意见》规划了数字政府建设五大体系：政府数字化履职能力、安全保障、制度规则、数据资源、平台支撑，形成了清晰的数字政府体系框架。其中，智能集约的平台支撑体系是基础，开放共享的数据资源体系是引擎，协同高效的数字化履职体系是主线，科学规范的制度体系保障数字政府整体高效，全方位安全体系保障数字政府行稳致远。

在建设方式上，《指导意见》明确要成立数字政府建设工作领导小组，统筹指导协调数字政府建设，国务院办公厅设立领导小组办公室，具体负责组织推进落实，各地区各部门依据国家顶层设计的思路，建立健全数字政府建设领导协调机制。明确的统筹推进机制可以最大程度凝聚合力，形成全国"一盘棋"格局，提升政策传导和沟通效能，保障数字政府建设高效落地。新一轮数字政府建设要避免一哄而上和无序扩张的乱象，避免各自为政带来的重复建设和铺张浪费，降低基层负担并提高治理效能。

在增强对社会的公共数字服务能力的同时，还应推动政府办公的数字化转型，从办公自动化走向办公数字化，提升政府对内办公的技术支撑，提升政府系统自身的运行效率，并增强政府办公的安全保障。

（3）以数字政府建设引领经济社会全面发展。数字政府是建设数字中国的基础性和先导性工程，是政府数字化改革和制度创新过程，是政府工作从经济、政治、文化、社会、生态文明等各方面对数字形态的积极主动适应，应重点关注打造政府治理的新型能力。通过改革创新打造更强的政府履职能力，以数字化改革推进政府决策科学化、社会治理精准化、公共服务高效化，更好地支持经济社会数字化发展。重点开展五项创新，一是服务创新。以数字化打破时空限制，为百姓提供一站式、菜单化、主题型、全周期服务。二是业务创新。推进跨部门跨层级跨区域业务协同，构建纵横贯通、协调联动的业务体系。三是数据创新。广泛应用数据，形成用数据说话、用数据决策、用数据管理、用数据创新的治理理念。四是组织创新。优化传统垂直运作、部门内向循环模式，推动政府运行更加协同高效。五是平台创新。充分发挥数字政府建设的基础和引领带动作用，为进一步优化营商环境、加快建设全国统一大市场提供重要基础平台支撑。

（4）数字政府建设中应全面加强风险管理，避免新的结构性矛盾。数字政府建设应避免在为一部分人带来便利和效率的同时，也为另一部分群体带来障碍。受经济、年龄、教育、地理等因素的影响，数字鸿沟无论是在国家之间还是在国家内部都不同程度存在。例如，低收入人群、老年人以及残障人士等群体在数字化设备的获取和使用能力方面都处于弱势地位，如果一刀切地将他们推向在线服务，会给他们带来很大的不便。数字鸿沟的存在将影响公共服务的均等化、公平性和包容性，并进而形成新的突出的结构性社会矛盾。

加快数字政府建设进程，实现政务服务和社会治理数字化，带动了数据要素市场化发展。而伴随着数据要素治理正面效应的发挥，其风险开始显现。例如，人脸识别技术既方便了社会治理与政府公共服务，也蕴含着人脸数据被非法窃取、滥用等风险；公共视频监控在给群众安全感的同时，也使个人隐私一览无余。数字政府建设事关国家安全和社会公共利益，必须同步考虑数字治理的推进尺度、权利边界和法治底线，提高风险防范意识，确保数据安全。政府采集和利用公众个人信息的权力也不是一种绝对的、不受约束的权力，政府应积极主动制定具约束力的法规、规范和标准，在法治的轨道上和框架内保证人民群众的安全感和信任度。

2. 以新发展理念为指导，加快发展数字经济

习近平总书记多次强调要"做大做强数字经济"。他在党的十九大报告中指出："推动互联网、大数据、人工智能和实体经济深度融合，在中高端消费、创新引领、绿色低碳、共享经济、现代供应链、人力资本服务等领域培育新增长点、形成新动能。"[1]在党的二十大报告中他指出："加快发展数字经济，促进数字经济和实体经济深度融合，打造具有国际竞争力的数字产业集群。"[2]加快发展数字经济，是化理念为行动的紧迫任务，更是贯彻落实新发展理念的长期性内在要求。

---

① 习近平：《决胜全面建成小康社会　夺取新时代中国特色社会主义伟大胜利——在中国共产党第十九次全国代表大会上的报告》，人民出版社2017年版，第30页。

② 习近平：《高举中国特色社会主义伟大旗帜　为全面建设社会主义现代化国家而团结奋斗——在中国共产党第二十次全国代表大会上的报告》，人民出版社2022年版，第30页。

数字经济正在改写和重构世界经济的版图。当下，与信息技术及应用相关的新技术、新产业、新业态、新模式，都可归入数字经济范畴。数字经济带动了传统产业的转型升级，促进了经济的高质量发展，在不断向传统经济"赋能"的同时，也使整个国民经济越来越"数字化"，已成为经济发展的新动能。

当前我国数字经济存在"大而不强、快而不优"的根本性矛盾，做强做大做优数字经济必须改变跟踪模仿的旧模式，树立原始创新和颠覆性创新的目标导向，必须以新发展理念为指导，积极主动探索新范式，促进数字经济的持续健康发展。

一是以创新发展理念为指导，突破核心技术和治理范式瓶颈。创新是数字经济的灵魂，数字经济首先是技术创新的结果，也是创新经济治理思路的成果。

在技术创新领域，应围绕"数字中国"的战略目标，抓住"底层技术"不放松，着力发展能够引领产业变革的颠覆性技术创新，积极布局新兴产业前沿技术研发；各地应注重加强广大人才储备优势、国内大规模市场优势，加快构建开放灵活的创新制度与创新环境，在数字化领域构建协同发展、生机勃勃的产业创新生态，推动数字经济产业集群发展。

在治理创新领域，应深刻认识到数字经济作为一种新生事物，具有一系列不同于工业经济的新特征和新问题，还要构建开放灵活的制度体系与创新环境，建设数字化领域上中下游、大中小企业融通创新机制，构建协同发展、生机勃勃的产业创新生态。在政府层面上，应积极对创新性的管理范式进行探索，包括数字经济时代属地管理模式待改革，央地关系需更协调，跨职能（部门）联合治理，准入管理模式，事中事后监管模式等。数字经济不仅会促进经济社会发展模式和运行方式发生新的转变，也会对已有的政策措施和治理手段带来新的挑战。面对数字经济带来的新机遇和新挑战，需要以包容审慎的政策措施来积极推动发展，更需要创新治理方法，着力创新、构建更加一体化、法治化、信息化的数字经济治理范式。

二是以协调发展理念为指导，引导数字经济平衡、持续发展。作为基础性、通用性技术，数字技术赋能有利于打破时空局限，引导资源要素的合理配置，推动区域空间、产业行业协调发展。未来数字经济亟须发挥更大协调作用，推动数字技术与实体经济深度融合，进一步推动工业互联网应用对国民经济各大门类全覆盖，加快推动形成东中西相呼应、经济发达地区与欠发达地区相配合的数字经济发展空间格局，为解决发展不平衡问题作出新的贡献。

数字经济发展过程中必然涉及多方面的协调关系，如数字经济与传统经济的协调问题。数字经济对传统产业既具有替代效应也具有促进效应，这就存在着发展节奏、应用场景、产业调整的协调问题；数字经济的产业政策和监管体系的协调问题；数字经济尤其是平台经济涉及线上线下、软件硬件、基础设施、所有者利益、消费者权益、公共秩序、公共安全等一系列问题，涉及多方面主体之间的利益关系，需要坚持共治共享的协调理念，发挥市场对资源配置的决定性作用，同时更好发挥政府的统筹规划和有效监管作用。

三是以绿色发展理念为指导，为解决人与自然和谐问题提供新模式。数字经济有助于减少社会经济活动对物质的消耗，进而减少能源消耗，同时数字经济与其他产业的融合有助于带来更大的节能效果，数字经济正在加快改变传统生产生活方式绿色转型，有效缓解自然资源与环境承载力不足的问题。未来数字经济进一步促进绿色发展，既要进一步推广数字化绿色生产方式，加强数字基础设施绿色化改造升级，积极推动绿色低碳新技术和节能设备广泛使用，推动建立绿色低碳循环发展产业体系；又应进一步普及数字化绿色生活方式，推进远程办公、公共出行、绿色消费等广泛应用，积极探索多元参与、可持续的碳普惠机制。

同时，数字经济在促进社会经济绿色发展的同时，也带来不少新问题，如共享单车乱停放问题、挖矿的能源消耗问题、外卖导致的交通秩序、餐盒餐具以及餐余垃圾问题、"电子垃圾"问题。应在数字经济发展过程中，对各种负外部性问题进行有效的治理和监管，采取有效激励机制促进绿色化生产和绿色化消费。

四是以开放发展理念为指导，引导数字经济实现内外联动高质量发展。数字经济对于市场的开放度有较高要求，应坚持开放发展的理念，在国内、国际形成更大范围、更宽领域和更深层次的开放格局。开放是当代中国的鲜明标识，进入数字时代中国开放的大门只会越开越大，数字经济有利于加快构建更高水平的全方位开放格局，在国内外构建更广泛的合作机制；未来数字经济进一步促进开放发展，必将进一步加强加速建设多层次的全球数字经济合作伙伴关系，围绕数据跨境流动、市场准入、反垄断、数据隐私保护等重大问题探索建立治理规则，促进我国数字经济领域在更大范围、更宽领域、更深层次实施高水平对外开放。在国内，积极围绕全国统一大市场进行布局，积极为各类市场主体提供更广阔的发展空间，发挥市场、资源、技术、人力资本等优势，在更大范围内优化配置资源，提高效率。

五是以共享发展理念为指导，引导数字经济实现整体发展。数字经济特别是共享经济本身就契合共享发展的理念，基于信息网络与数据资源的数字经济，具有明显的包容性增长特征，有利于不断提升经济社会的数字普惠性,让人民群众在更大范围、更大程度上共享数字经济发展成果。未来应进一步统筹加快推进教育、医疗、交通、就业、养老、抚幼、助残等重点领域的数字化服务普惠应用,加速数字技术在教育、医疗卫生、就业、社保、文化旅游等领域的深化应用,通过数字经济发展支撑补齐民生服务供给缺口。

应加强数字经济产业创新共享交流体系建设,培养数字经济主体之间的互动性、数字经济创新链内的承接性、数字经济产业链与创新链的衔接性;数字经济企业特别是各类平台型企业,在妥善处理好平台中各种利益相关者关系的同时,应出于共治共享的理念,为构建和谐友善的社会积极承担社会成本。

3.以习近平新时代中国特色社会主义思想指导数字社会建设

在新一轮科技革命推动下,人类正在加速迈向数字社会。国家"十四五"规划提出"加快数字社会建设步伐""适应数字技术全面融入社会交往和日常生活新趋势,促进公共服务和社会运行方式创新,构筑全民畅享的数字生活",描绘了我国数字社会建设的蓝图远景。

建设数字社会是新技术带来的必然变化。大数据、移动互联网、云计算、物联网、边缘计算、人工智能、虚拟现实等新一代数字科技革命成果不断融入生产生活,改变传统的生产生活方式,改变人们的行为方式、社会组织方式和社会运行方式,深刻影响人们的思想观念和思维方式,不断创造新的就业形态、产业形态、商业模式,加快数字社会建设步伐是顺应这一趋势的重大战略举措,更是推动社会主义现代化更好更快发展的必然选择。

数字社会建设应遵循新发展理念的要求。新发展理念要求坚持创新、协调、绿色、开放、共享发展,随着数据在网络空间不断生成、存储、流转和分享，各类资源要素都被整合进入特定的平台和场域，大幅提升了资源配置效率。数据已经成为一种全新的生产要素，不仅绿色环保，而且具有巨大创新功能，推动人、物等跨越地域、空间、边界有效连接，实现万物互联，使生产要素的配置方式更加灵活多样，资源的利用更加节约高效。同时，人们可以随时随地参与网络活动，实现全时共在，使生产生活更加方便快捷，促进发展成果共享。

数字社会建设是创造美好生活的必然选择。随着我国社会主要矛盾发生转化，人民群众对美好生活的向往越来越强烈，盼望就业更加灵活充分、环境更加生态宜居、服务更加方便贴心、教育更加公平优质、文体活动更加丰富多彩、就医看病更加便捷有质量、养老服务更加可及有保障、社会更加和谐有序。数字社会建设为实现人民群众美好生活需要提供了技术支撑。例如，在新冠疫情防控中，广大居民借助数字技术，足不出户就可以实现对日常工作、生活的保障，大中小学校实现了"停课不停学、不停教"，预约挂号、在线诊疗为患者日常就医看病提供了少接触、无接触的途径，等等。

数字社会是通过新一代信息技术与社会治理深度融合，打造数字驱动、跨界融合、共创分享的智能化社会治理模式，实现对社会治理的精准感知、对公共资源的高效配置、对异常现象及时预警、对突发事件快速处置，提升公共服务、社会治理的科学化、精细化、智能化水平，推动社会协同和公众参与，构筑全民畅享的数字生活。推进数字社会建设，应在做好顶层设计和总体规划的基础上，从与民生关系最密切的领域入手，先易后难，分步实施，积极稳步推进数字社会建设，其中城市、教育、医疗卫生、交通、金融、康养、能源和社区、乡村等方面应围绕"智慧化"加速推进建设。

（1）推进智慧城市建设。智慧城市是在新一代信息技术基础上，以人为本打造的宜居宜业、"会思考"、"会说话"的城市，具备泛在的惠民服务、高效的在线政府、精准的城市治理、可控的安全体系、融合创新的数字经济等新特征。

（2）在智慧教育方面，积极发展远程教育，推进本地区优质学校与乡村学校开展智慧课堂应用，建立适应教学模式变革的网络学习空间，推动优质教育资源共建共享和均衡配置等。

（3）在智慧医疗方面，结合当地实际，加强与国内知名大医院合作，应用新一代信息技术，开展远程医疗、在线医疗服务。构建本地区医疗机构共享互通的全民健康信息服务体系，实现医疗卫生健康信息采集、处理分析、共建共享、惠民服务、业务协同、业务监管等目标，不断提高医疗、医保、医药等健康服务水平。

（4）在智慧交通方面，推动大数据、计算机视觉、导航定位等技术在交通领域的应用，整合城市道路、交通运行、停车泊位、视频监控等数据，提供道路交通状况判别及预测，辅助交通决策管理，支撑智慧出行服务。

（5）在智慧金融方面，推动融资服务覆盖中小微企业、创新创业和"三农"等群体；规范发展互联网金融、供应链金融、区块链金融、移动支付、刷脸支付、众筹等新业态新模式。建立普惠金融信用信息服务平台，打造数字金融基础生态系统。推进数字技术与传统金融融合发展，实现金融 IC 卡、移动支付在商业、交通、医疗、民生、旅游等公共服务领域的广泛应用。

（6）在智慧物流方面，推进智慧物流、智慧仓储、智慧交通等生产性服务业发展，依托当地物流企业，整合工业、农业产业链各环节和寄递企业数据资源，在供应链管理、农村电商、农产品流通等领域开展合作和数据共享，促进传统零售和渠道电商协同发展。

（7）在智慧康养方面，根据各地实际，构建社区居家养老服务平台和养老机构智能化信息管理平台，充分应用移动互联网、大数据、物联网等技术，创新"线上＋线下"居家智慧养老服务的提供方式，创新居家养老模式，与医疗机构合作，为老年人提供远程问诊、远程医疗等服务。

（8）在社会治理智慧化方面，以城市小区、城市周边农村社区为重点，搭建小区、农村社区公共服务综合信息平台，优先建设一批智慧小区、智慧社区，率先推行智慧化管理，构建设施智能、服务便捷、管理精细、环境宜居的智慧小区、智慧社区。

（9）在生态环境治理方面，在工业园区、重点企业、中心城市，建设有害气体排放、污水排放智慧监测体系，在自然资源保护、旅游景区景点等建设智能化感知与动态监测体系，全面提升大气、水、土壤等生态领域环境污染智能化管理响应和应急处置能力。

（10）在乡村综合治理方面，推进乡村治理数字化应用，不断融入政务、城乡管理、乡村振兴、党建党纪、治安管理等内容，提高农村居民对就业、养老、教育、医疗、政务服务等公共服务自动化可及性等。

六、数字中国建设的挑战与应对

后疫情时代，全球主要国家数字经济政策焦点更加突出巩固全球竞争力、重塑数字经济产业链核心竞争力、加强高质量数字基础设施建设。数字经济已经成为经济发展的新增长点和经济复苏的推动力，正成为重组全球要素资源、重塑全球经济结构、改变全球竞争格局的关键力量。

推动数字化和绿色化的协调发展已成为全球数字经济发展面临的重大机遇和挑战。

作为新时代国家信息化发展的新战略，数字中国涵盖经济、政治、文化等领域，对经济发展、社会治理、国家管理、人民生活都产生了重大影响。在催动发展蝶变赢得宝贵的时间和先机的同时，我们也面临着数据资源开发利用不足、监管机制尚在健全中、综合性人才缺乏等短板。新形势下，必须加强整体谋划、统筹施策，才能充分释放数字化的红利。

但数字化转型在为全球经济社会发展带来新动能的同时，也成为需要政府、市场、社会多元主体共建、共治、共享的重大集体行动，面临一系列技术及社会领域的新挑战，例如数字经济往往具有产业融合性、高创新、强渗透、广覆盖、开放共享、平台垄断等六大特征，如何对其进行科学管理；数字化进程中比较常见的数据安全、数字鸿沟、市场垄断、税收侵蚀、信息不对称问题如何应对等。

数字中国建设包含两大部分，一是技术部分，包括电子信息制造业、电信业、软件和信息技术服务业、互联网行业等；二是融合部分，包括数字技术与实体经济等主要经济组分的融合、与政务的融合、与社会及民生的融合、与城市发展的融合、与乡村振兴的融合，也包括与推动整体经济社会高质量发展、促进全社会共同富裕理念等在顶层设计上的融合与共鸣等。结合对这两个方面的观察与分析，按照"十四五"规划提出的更高目标与要求，建议在数字中国建设实践中做好以下五个方面的应对。

（一）切实加强深层创新

数字中国建设要统筹推进技术融合、业务融合、数据融合，提升跨层级、跨地域、跨系统、跨部门、跨业务的协同管理和服务水平。这既

是数字化工作必须遵循的推进路径，也是衡量数字化发展成效的重要
标志。

未来，推进数字化改革必须坚持系统观念、运用系统方法，加强深
层创新。各地数字化建设取得更大的成绩，应进一步贯彻"为人民服务"
的初心，在目标设定上紧紧围绕效率、效益、效果、效用的提升，从满
足服务对象而不是满足服务者出发，从夯实党的执政基础、提升政府治
理能力、更好服务民生需求出发，切实分析问题、找出问题、解决问题。

（二）加强数字技术与经济社会顶层设计的融合

当今经济社会发展的底层逻辑、驱动因素、运行动力、运行模式都
发生了巨大变化，当前社会正在经历类似农业社会向工业社会变迁的过
程，这个过程既是激情澎湃、充满机遇与挑战的过程，也是一个经济社会
体系化重构优化的过程。在这个过程中，数字化如何定位，如何发挥最大
的作用？信息化是我们的拐杖，还是我们的新武器、新工具、新战法？

当前，各方在数字化建设中，一定程度上还存在如下思路惯性：先
思考解决问题的框架，然后再考虑如何用信息技术、数字技术来帮忙实
现这个方案。

今天，我们应该看到，数字化已经改变了政府公共治理能力的生成
模式，已经改变了企业竞争力的生成方式，数字技术是一种可以主动影
响我们的思路和顶层设计的新要素。建议在数字中国建设过程中，全面、
积极、主动地视数字技术为新的前置能力，并用这种新的能力去设计或
影响顶层架构，主动在全局思考层面运用数字思维、数字逻辑、数字框
架，确保关于经济、社会的顶层设计与数字技术一体化，规避各领域顶
层设计与数字时代的"隐形"脱钩风险。

在顶层设计上必须注意的是"一放就乱，一统就死"，很多领域数字化工作重复建设、分散建设问题突出，带来显著的"孤岛"问题，增加了成本，降低了效率。同时，一部分过于依赖行政意志推行的大系统处于"半成品"的状态，有一些则是被基层单位"供起来"。在信息技术与"五位一体"融合的新时代，这些风险更需要在充分研究论证的基础上，从源头理念、设计上予以控制。

(三)高度关注数字鸿沟风险

数字鸿沟曾一度被认为主要是因为对网络技术基础设施的拥有程度不同，导致信息富有者和信息贫困者之间的鸿沟，导致机会与财富方面新的不均等。但是，随着我国数字基础设施在全国范围内的改善提升，并在一定程度上已经走在了世界前列，新的数字鸿沟风险正出现在我们的面前。

同时，不同行业领域对数字化转型的需求各异，创新能力和水平参差不齐，这种不同属性的经济主体、社会主体之间逐步加深的数字鸿沟，将造成新的社会割裂，也需要结合各地实际进行针对性的研究和应对。

中国式现代化是全民的现代化，中国式共同富裕是全民的共同富裕，数字中国建设是以促进中国式现代化、中国式共同富裕为根本目标的，因此在数字中国建设中，一方面要继续加强数字基础设施的普及普惠，同时也要关注一些"软"因素导致新的数字鸿沟风险。

(四)全面加强数字治理

治理是为了有序发展。当前的政府数字监管体系构建于各行业主管部门的分类设置，面对行业的数字化转型发展以及数字经济新兴业态，面向数字社会的新运行方式，往往反应速度慢，容易错失发展机遇。电子商务只是数字中国的序幕，进入物联网时代，与"五位一体"的融合将给治理工作带来新挑战，亟须加强相应的治理、立法等工作，同时要坚决把握住制定标准、规范的目的不仅是监管，更应该是发展，这种治理上的创新才是数字中国建设的真正贡献。

当前，在数字技术本身的治理上，包括对数据的治理等，已经基本建立了体系化的国际、国内标准，基本建立健全了相关的法律法规等要求。但实际上，数字治理的真正难点是数字技术在经济社会各个领域的应用，它们正在重新定义经济社会的运行方式、分配逻辑，正在改造社会的运行规律、价值导向，越来越多的劳动者被数据、算法所决定，在一定程度上算法成为控制社会运行的规则，成为社会分配的实际法则。

目前，算法推荐技术已经广泛应用于短视频、新闻、电商、外卖等App中，几乎涵盖生活的各个领域，但其价值取向被资本所左右、被算法的若干个拥有者所左右，算法歧视、大数据杀熟、诱导沉迷等问题体现了数字经济的价值观，有利于一小部分特定群体的算法成为平台商业模式的底层盈利逻辑。此外，算法错误还可能影响福利政策和重塑贫困。在建设数字中国的过程中，必须对覆盖生活各个领域的算法按照以人民为中心、促进中国特色社会主义现代化建设、促进高质量发展、促进共同富裕的理念进行设计、监管。

（五）加强数据流通与数据安全管理

可以预见，随着数字中国进入新阶段，必将带来多领域、多环节、多主体、多层次数据的广泛收集、海量集中，为个人隐私、各社会主体的合法权益乃至国家安全带来新挑战。一方面，数据互联互通、开放共享，是提升数据资源利用水平，释放数字化效益的突破点、爆发点；另一方面，大数据时代，数据安全是新的技术问题，更是新的管理问题。未来，应以持续深化数据开放共享为目标，健全、加强数据安全管理能力，一是切实加强对数据安全本质要求的分析、理解与提炼，建立健全法律法规、监管机制等；二是要充分认识到大数据时代，在当前的互联网络空间中，单凭人力已经无法有效观察和控制数据安全，必须加强对数据安全技术的研发和创新性应用。所有数字中国有关的管理主体，都应意识到未来网络安全将从信息化的附属技术，变成数字化发展、数字经济发展的基础和前提，应积极促进可靠数据安全产品和解决方案在行业场景和新基建中的应用落地，重视数据安全人才队伍建设，鼓励搭建技术能力强的专业性数据安全平台等。

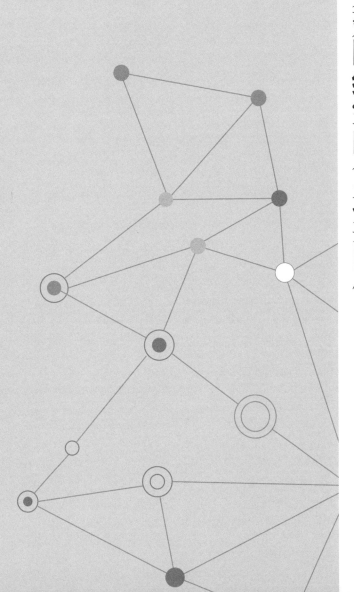

第九章　共建网络空间命运共同体

2014 年 11 月 19 日，习近平总书记在致首届世界互联网大会的贺词中指出："当今时代，以信息技术为核心的新一轮科技革命正在孕育兴起，互联网日益成为创新驱动发展的先导力量，深刻改变着人们的生产生活，有力推动着社会发展。互联网真正让世界变成了地球村，让国际社会越来越成为你中有我、我中有你的命运共同体。同时，互联网发展对国家主权、安全、发展利益提出了新的挑战，迫切需要国际社会认真应对、谋求共治、实现共赢。"[1]

从第一次明确提出"构建网络空间命运共同体"到"推动网络空间实现平等尊重、创新发展、开放共享、安全有序的目标"，再到"做到发展共同推进、安全共同维护、治理共同参与、成果共同分享"等一系列重要论述的发表，习近平总书记给出了完整的建设网络空间新秩序的中国方案。当然，在构建网络空间人类命运共同体的同时也要有斗争精神，反对网络空间日益盛行的技术霸凌主义、文化霸凌主义和个别国家将本国利益凌驾于他国利益之上的做法等。[2]正如习近平总书记所强调的，网络空间命运共同体的建构"就是希望与国际社会一道，尊重网络主权，发扬伙伴精神，大家的事由大家商量着办，做到发展共同推进、安全共同维护、治理共同参与、成果共同分享"[3]。

---

[1] 《共同构建和平、安全、开放、合作的网络空间 建立多边、民主、透明的国际互联网治理体系》，《人民日报》2014 年 11 月 20 日。

[2] 参见王四新：《网络空间命运共同体理念的价值分析》，《人民论坛》2022 年第 4 期。

[3] 《习近平致第四届世界互联网大会的贺信》，《人民日报》2017 年 12 月 4 日。

一、尊重网络主权　秉承伙伴精神

（一）尊重网络主权，反对网络霸权主义

中国网络空间安全治理高度重视主权问题，习近平总书记就网络空间安全治理发表了一系列重要论述，创造性地提出了"网络主权"概念，认为尊重网络主权是网络空间治理的首要原则，我们应当尊重各国自主选择网络发展道路、网络管理模式、互联网公共政策和平等参与国际网络空间治理的权利。

网络主权诞生于人类活动空间，范围包括陆地、海洋、天空、太空、网络空间等，是主权在网络空间的自然延伸。网络主权是指各国政府有权根据本国国情，制定有关网络空间的公共政策和法律法规，对本国境内信息通信基础设施和资源、信息通信活动拥有管辖权，有权保护本国信息系统和信息资源免受威胁、干扰、攻击和破坏，有义务保障公民在网络空间的合法权益。[①]网络主权原则包括各国未经许可不得进入另一国关键网络基础设施，或进入与另一国主权安全和发展利益有密切联系的网络系统，不得实施网络监控、窃密或破坏活动；各国不得干涉其他国家在网络空间享有的生存、安全与发展的权利，不得干涉其他国家维护其自身网络秩序、安全和发展的权利。网络主权原则，是全球网络空间治理最佳解决方案和负责任的国家行为的基础，也是维护网络空间公

[①]　参见郑文明：《准确把握网络空间命运共同体构建的基本原则》，《中国社会科学报》2022 年 12 月 8 日。

平性的道义需求以及网络空间国际合作的前提和保证。构建网络空间命运共同体，需要在个体与共同体之间保持张力。

尊重网络主权与构建网络空间命运共同体是辩证统一的，尊重网络主权是构建网络空间命运共同体的前提，构建网络空间命运共同体是实现网络主权的保障。[①]

与尊重网络主权相对的，是推行网络霸权主义。网络霸权主义的本质是数字殖民主义，目标是实现霸权国家及联盟的利益最大化。网络霸权主义者倡导"自由开放"的网络空间，是为其在全球攫取财富、输出意识形态以及进行网络攻击提供便利。网络霸权主义打着"人权""自由""开放""安全"等旗号，将自身利益或小集团利益凌驾于其他国家利益之上，无视或否认其他国家或地区的主权利益和发展诉求，这在本质上是推行霸权主义的国家在数字化时代推行的新型殖民主义，是在网络自由的幻象中推行的奴役政策其惯用伎俩是无中生有、无端指责，表现形式是有针对性地进行封锁和制裁，将其他国家的技术创新行为扣上"数字威权主义"的帽子并以此为借口采取对抗或制裁措施。网络霸权主义行为，从源头上而言是霸权主义国家对新兴技术和新商业模式带来变革的恐慌，是对其可能失去垄断地位的恐慌。

网络霸权主义对网络空间国际新秩序的建立形成威胁，为构建网络空间命运共同体制造阻碍。

在利益诉求基础上，美国依赖国际旧秩序建立盟友体系，在政治、经济、文化等领域寻求"集体安全"。20 世纪 90 年代，美国利用经济优

---

① 参见蔡翠红：《网络主权与网络空间命运共同体辩证统一》,《网络传播》2021 年第 1 期。

势和网络技术先发优势，确立了在网络空间的主导地位；2019 年 9 月，美国联合其他 26 个国家针对中国和俄罗斯发表《关于在网络空间内促进负责任的国家行为的联合声明》，声称要让"背道而行"的国家在网络空间承担不利后果；2020 年 8 月，美国开展所谓"清洁网络计划"，试图在电信设备、移动通信、数字平台和云储存方面"去中国化"；2021 年 7 月，美国联合日本、欧盟、英国和加拿大发表所谓声明，无端指责中国雇用黑客对美国企业进行网络攻击；2021 年 12 月，美国强推"未来互联网联盟"，为了在封闭的"小圈子"里对持不同意识形态的国家进行封锁和制裁，且为了推行网络霸权的保护主义战略，美国多次以涉嫌国家安全为由对中国网络企业，如中兴、华为、腾讯、字节跳动等，进行抵制或打压，试图将国际关系旧秩序下形成的利益格局和同盟关系转移至网络空间，阻挠网络空间国际新秩序的建立。①

因此，尊重各国网络主权，坚决反对网络霸权主义，是构建网络空间命运共同体的"无形"精神保障。

（二）秉承伙伴精神，促进互联互通

当前，有些国家为了维护其在网络空间的主导地位，以所谓维护国家安全为借口，对新兴技术国家进行有针对性的封锁和制裁，出于政治目的打压别国互联网企业，阻挠创新交流，令全球数字鸿沟问题不断拉大。

构建网络空间命运共同体，要求我们在尊重网络主权的基础上，秉承伙伴精神，帮助加快全球数字基础设施建设，促进全球交流网络互联

---

① 参见董彪：《反对网络霸权 构建网络空间命运共同体》，《光明日报》2022 年 1 月 28 日。

互通，为不发达地区和低收入人群、弱势群体提供优质、便捷、实惠的网络服务，推动数字化成果更多更公平惠及所有人，不让任何一个国家掉队，也不让任何一个人落伍。以华为、高通、三星为首，多家通信设备厂协力研发 5G 网络技术，助力万物互联全球化进程。目前，中国 4G 基站数量占全世界 4G 基站数量的 60%，在 5G 的标准化组织中，中国电信运营商也扮演了重要角色。此外，全世界绝大部分手机由中国生产，中国企业承建了全球数百个电信网络建设，为构建网络空间命运共同体提供了坚实的"有形"物质基础。

二、携手构建网络空间命运共同体

习近平总书记在庆祝中国共产党成立 100 周年大会上的重要讲话中指出："中国共产党将继续同一切爱好和平的国家和人民一道，弘扬和平、发展、公平、正义、民主、自由的全人类共同价值，坚持合作、不搞对抗，坚持开放、不搞封闭，坚持互利共赢、不搞零和博弈，反对霸权主义和强权政治，推动历史车轮向着光明的目标前进！"[①]新的征程上，我们必须高举和平、发展、合作、共赢旗帜，奉行独立自主的和平外交政策，坚持走和平发展道路，推动建设新型国际关系，推动构建人类命运共同体。而当今世界正经历百年未有之大变局，面对新的风险和挑战，如何在网络空间加强团结协作、维护公平正义、共享数字红利，成为摆在我们面前的重大课题。

---

① 习近平：《在庆祝中国共产党成立 100 周年大会上的讲话》，人民出版社 2021 年版，第 16 页。

习近平总书记在第二届世界互联网大会首次提出"构建网络空间命运共同体"理念，世界互联网大会组委会在 2019 年发布《携手构建网络空间命运共同体》概念文件，并在 2020 年世界互联网大会"互联网发展论坛"举办之际发布了《携手构建网络空间命运共同体行动倡议》。2022 年 11 月 7 日，国务院新闻办公室发布《携手构建网络空间命运共同体》白皮书。习近平主席在出席二十国集团领导人第十五次峰会第一阶段的会议中发表重要讲话时强调："面对各国对数据安全、数字鸿沟、个人隐私、道德伦理等方面的关切，要秉持以人为中心、基于事实的政策导向，鼓励创新，建立互信，打造开放、公平、公正、非歧视的营商环境，支持联合国就此发挥领导作用。"[①]

准确把握网络空间命运共同体构建基本原则的重点是要理解其包含的主要内容和各原则在构建网络空间命运共同体中的作用。主要表现为"四项原则"，即尊重网络主权原则、坚持维护和平安全原则、坚持促进开放合作原则以及坚持构建良好秩序原则。网络空间命运共同体构建"四项原则"的提出，反映了现阶段包括中国在内的大多数互联网技术后发国家应对互联网治理的基本立场。[②]

国际网络空间治理应该坚持多边参与、多方参与，发挥政府、国际组织、互联网企业、技术社群、民间机构、公民个人等各种主体作用。

[①] 《拨开世界迷雾 奏响时代强音——习近平主席出席金砖国家领导人第十二次会晤、亚太经合组织第二十七次领导人非正式会议、二十国集团领导人第十五次峰会提出中国方案彰显中国智慧和理念》，《人民日报》2020 年 11 月 23 日。

[②] 参见郑文明：《准确把握网络空间命运共同体构建的基本原则》，《中国社会科学报》2022 年 12 月 8 日。

推动建立全球互联网治理体系，需明晰主体角色、制定统一规则、形成相应机制。要以联合国为主渠道、以联合国宪章为基本原则，制定数字和网络空间国际规则，使全球互联网治理体系更加公正合理，更加平衡地反映大多数国家意愿和利益，确保全球互联网治理在联合国框架范围内进行。坚持相互信任尊重和国家不分大小、强弱、贫富一律平等的原则，维护网络主权和网络空间平等的发展权、参与权、治理权，完善网络空间对话协商机制，推动形成多边、民主、透明的全球互联网治理体系。发挥好其他国际组织、互联网企业、技术社群、民间机构、公民个人等在全球互联网治理中的作用。

数字经济发展为共享数字时代红利提供了可能，但全球数字鸿沟也因数字经济发展不平衡而不断拉大。习近平总书记强调："让更多国家和人民搭乘信息时代的快车、共享互联网发展成果。"[1]共享数字时代红利，既需补齐短板，消弭数字鸿沟；又需强化规制，做大数字经济蛋糕。要加强顶层设计，采取更加积极、包容、协调、普惠的政策，加快全球网络基础设施建设，多措并举、多管齐下向发展中国家提供技术、设备、服务等数字援助，全面提高全球互联网的渗透率和普及率，不断提升不同群体获取、处理、创造数字资源的数字能力。打造开放、公平、公正、非歧视的数字市场和发展环境，建立多边、透明、包容的数字领域国际贸易规则，制定完善数据安全、数字货币、数字税等国际规则和数字技术标准，让各国共乘数字经济发展的快车，为共享数字时代红利奠定坚实的物质基础。

---

[1]　中共中央党史和文献研究院编：《习近平关于网络强国论述摘编》，中央文献出版社 2021 年版，第 154 页。

三、全球网络空间治理任重而道远

（一）以价值观撕裂互联网危及未来

进入数字时代，网络空间竞争和博弈成为各国关注的焦点，网络空间国际秩序处于形成之中。与此同时，以美国为首的一些西方国家，将网络技术优势转化为网络空间全球治理权力优势，大搞网络霸凌，强化网络威慑，践踏国际规则，严重破坏网络空间的生态环境，危害国际互联网产业供应链安全。反对网络霸权主义，构建网络空间命运共同体，是推动建设相互尊重、公平正义、合作共赢的新型国际关系的必由之路。

2022 年 4 月 28 日，美国白宫发起《未来互联网宣言》（Declaration for the Future of the Internet，简称 DFI）在线签署仪式，包括美国、欧盟成员国在内的共 60 个国家和地区成为签署方，声势相当浩大。对此，我国外交部发言人表示，不论是搞所谓的"互联网未来联盟"，还是《未来互联网宣言》，都掩盖不了美国及一些国家在互联网问题上的政策本质，即以意识形态划线，煽动分裂和对抗，破坏国际规则，并试图将自己的标准强加于人。这份所谓的宣言就是分裂互联网，挑动网络空间对抗的最新例证。

维护网络安全是构建网络空间命运共同体的基础。实践证明，构建网络空间命运共同体，不仅需要中国同世界上其他国家共同努力构建安全的网络基础设施市场体系，还需要中国与世界各国一道，高举国家主权原则，在对抗互联网数字霸权方面形成全球性的共识和行动机制，这涉及互联网内容层面和行动层面两个方面的安全。在基础层、物理层的安全得到初步保障的情况下，目前在全球人类命运共同体建设方面，迫切需要解决的问题还有信息层和行动层的安全问题。当今世界正处于百年未有之大变局中，携手构建网络空间命运共同体是我国培育发展新动能，防范网络安全新风险，推动打造网络空间新格局的现实需求，也是美好愿望。面对复杂严峻的网络安全形势，我们要保持清醒头脑，各方面齐抓共管，切实维护网络安全。

（二）共商网络空间国际规则

构建网络空间命运共同体，坚持共商共建共享的全球治理观，推动构建多边、民主、透明的国际互联网治理体系，努力实现网络空间创新发展、安全有序、平等尊重、开放共享的目标，做到发展共同推进、安全共同维护、治理共同参与、成果共同分享，把网络空间建设成为造福全人类的发展共同体、安全共同体、责任共同体、利益共同体。中国以网络空间负责任大国的形象和使命担当，为在网络空间国际交流与合作进程中践行公平正义做出不懈努力。中国一贯支持联合国在网络空间全球治理中发挥主导作用。

2022 年 7 月 12 日，世界互联网大会成立大会在北京举行，习近平总书记在贺信中指出：“成立世界互联网大会国际组织，是顺应信息化时代发展潮流、深化网络空间国际交流合作的重要举措。希望世界互联网大会坚持高起点谋划、高标准建设、高水平推进，以对话交流促进共商，以务实合作推动共享，为全球互联网发展治理贡献智慧和力量。”[1]

---

[1] 《习近平向世界互联网大会国际组织成立致贺信》，《人民日报》2022 年 7 月 13 日。

纵观世界互联网大会的辉煌历程,"携手构建网络空间命运共同体"是世界互联网大会一以贯之的主题。2014年11月19日,第一届世界互联网大会围绕着"互联互通·共享共治"主题,呼吁国际社会齐心协力,携手建立多边、民主、透明的国际互联网治理体系,共同构建和平、安全、开放、合作的网络空间,并提出"九点倡议""搭建两个平台""取得四大成果"。海外学者称,主办这样的大型互联网活动是中国官方开放的表现;这次大会有利于各方在互联网世界的争夺和冲突中寻求共识,也有助于重启中美网络安全对话。2015年,习近平总书记在第二届世界互联网大会提出"四项原则""五点主张",倡导尊重网络主权,推动构建网络空间命运共同体,为全球互联网发展治理贡献了中国智慧、中国方案。同时,这也显示出中国决心在国际互联网领域扮演更重要的角色。2016年11月16日,第三届世界互联网大会嘉宾代表围绕"创新驱动 造福人类——携手共建网络空间命运共同体"的大会主题,开展交流对话,集聚思想智慧,共商世界互联网发展大计、治理大计,达成多项共识,取得丰硕成果,进一步推动世界互联网大会成为联结中外、沟通世界、共享共治的国际平台,再次为世界互联网的发展与治理烙下了鲜明的"乌镇印记"。2017年12月2日,第四届世界互联网大会以"发展数字经济 促进开放共享——携手共建网络空间命运共同体"为主题,大会进一步拓展了"开门办会"的深度和广度,分享思想创见、汇聚智慧力量,凝聚共建网络空间命运共同体的共识。正如美国东西方研究所全球副总裁、全球网络安全领域的著名专家布鲁斯·迈康纳(Bruce William McConnell)所言,数字经济是本届世界互联网大会的关键词,中国正在加速迈向网络强国,其中至关重要的正是数字经济在经济增长中扮演的加速器作用。2018年11月7日,第五届世界互联网大会以"创造互信共治的数字世界——携手共建网络空间命运共同体"为主题，大会重点围绕创新发展、网络安全、文化交流、民生福祉和国际合作等议题进行探讨交流，搭建中国与世界互联互通的国际平台和国际互联网共享共治的中国平台，推进全球共同繁荣，促进提升全球数字化发展水平，构建可持续的数字世界。图灵奖获得者、互联网安全领域专家惠特菲尔德·迪菲（Whitfield Diffie）对中国推动数字全球化发展感到很兴奋，也很认可。他表示，构建可持续发展的数字世界，才能让互联网发展成果更好地造福世界各国人民。2019 年 10 月 20 日，大会主题为"智能互联　开放合作——携手共建网络空间命运共同体"。大会秉持开放、平等、互信、共赢的理念，邀请全球互联网领军人物及重量级嘉宾共同探讨与回应当前国际社会对 5G、人工智能、物联网等新技术、新业态发展的深度关切。

（三）倡导普遍且有意义的数字连接

1. 联合国教科文组织"界定互联网普遍性指标"项目

"互联网普遍性"是由教科文组织通过与会员国和互联网利益相关群体共同研究、分析和磋商的广泛计划开发的。准备工作包括 2015 年 3 月在巴黎举行的国际多利益攸关方"点点相连"会议，以及 2015 年出版的互联网研究报告《建构兼容并包的知识社会的基石》。

"互联网普遍性"概念，承认互联网不仅是基础设施和应用，它还是一个经济和社会互动和关系的网络，在推动行使权利、赋予个人和社区能力以及促进可持续发展方面具有很大的潜力。以这种方式理解互联网，有助于将涉及技术和公共政策的互联网发展的许多不同方面融入一个协调一致的框架。其中的一些方面与教科文组织的核心职能领域密切相关，如教育、科学和文化、人权和知识社会。教科文组织将"互联网普遍性"

概念概括如下："互联网普遍性"作为一个概念，抓住了人类事务中日益无处不在的互联网的核心。它突出了这一趋势所依托的行为准则和价值观并强调对其予以加强的必要性，从而使互联网有助于实现人类的最高志向，无处不在并服务于每个人，反映出对互联网发展和治理的普遍参与。"互联网普遍性"涵盖了对互联网发展至关重要的四项原则：权利（R）互联网立足于人权，开放（O）具有开放性，可及（A）应人人可及，多方（M）得益于多方参与。

2018 年 10 月 19 日，联合国教科文组织官网发布《互联网普遍性指标》草案终稿。《互联网普遍性指标》是联合国教科文组织"界定互联网普遍性指标"项目的成果文件，已提交至国际传播发展计划（IPDC）第31 届会议审议。文件描述了指标制定的背景和过程，其中陈述的项目成果将有助于推动教科文组织在言论自由、媒体进步、信息和知识的普遍获取等领域的优先计划，促进教科文组织在全球互联网治理中进一步发挥领导力，并助力实现《2030 年可持续发展议程》。终稿中的全套指标体系分为 6 个类别、25 个主题、124 个问题，共列举 303 个指标（含 110个核心指标）。其中包括 79 个跨领域指标，这些指标涉及性别、儿童与青年的需求、可持续发展、信任和安全以及互联网的法律和道德问题。此外还有 21 个背景指标，涉及国家人口、社会和经济特征。

2. 联合国开发计划署（UNDP）《2022—2025 年数字战略》

2022 年 2 月 15 日，联合国开发计划署发布《2022—2025 年数字战略》，支持各国和各群体以数字技术为抓手，推动减少不平等，提高普惠包容性，应对气候变化，并发掘更多经济发展机遇。联合国开发计划署希望能够在数字技术不断发展的当下也保持领先的发展思路，以加速实现可持续发展目标（SDGs）。在新的战略计划中，数字化本身也是帮助联合国开发计划署实现其核心目标的三个主要手段之一。

联合国开发计划署将从以下三方面帮助各国从数字技术中获益：（1）数字技术会在联合国开发计划署的工作中广泛应用，使发展工作取得更有效的成果；同时，重视创新的方法和工具，将有前景的解决方案规模化，并通过前瞻预测洞见未来可能。（2）联合国开发计划署将支持各群体创造基于权利的、更加普惠包容且具有韧性的数字生态，不让任何一个人掉队。（3）联合国开发计划署将继续推动自身转型，以身作则，满足当前及未来的技术需要。发起了"智慧未来"行动，鼓励其参与者不断提升自身数字技能，学会从战略角度运用数据，为联合国开发计划署的未来发展保驾护航。

（四）有序推进网络空间的全球合作

网络空间由互联网承载，与现实社会水乳交融，是人类的共同家园，其前途命运应由世界各国共同掌握。各国在网络空间互联互通，利益交融，休戚与共。维护网络空间和平与安全，促进开放与合作，共同构建网络空间命运共同体，符合国际社会的共同利益，也是国际社会的共同责任。

2017 年 3 月 1 日，经中央网络安全和信息化领导小组批准，外交部和国家互联网信息办公室共同发布《网络空间国际合作战略》（以下简称《合作战略》）。《合作战略》以和平发展、合作共赢为主题，以构建网络空间命运共同体为目标，就推动网络空间国际交流合作首次全面系统提出中国主张，为破解全球网络空间治理难题贡献中国方案，是指导中国参与网络空间国际交流与合作的战略性文件，也是中国就网络问题首度发布国际战略。《合作战略》确立了中国参与网络空间国际合作的战略目标：坚定维护中国网络主权、安全和发展利益，保障互联网信息安全有序流动，提升国际互联互通水平，维护网络空间和平安全稳定，推动网络空间国际法治，促进全球数字经济发展，深化网络文化交流互鉴，让互联网发展成果惠及全球，更好造福各国人民。

2019 年 7 月 11 日，中国信息通信研究院和中国互联网协会宣布正式成立中国互联网治理论坛（中国 IGF），在新的起点上参与联合国互联网治理论坛（IGF）。当前国际网络空间治理面临一系列共性问题，互联网领域发展不平衡、规则不健全、秩序不合理等问题日益凸显，国家和地区间的"数字鸿沟"不断拉大，关键信息基础设施存在较大风险隐患，网络恐怖主义成为全球公害。网络空间缺乏普遍有效规范各方行为的国际规则，自身发展受到制约。

2018 年 11 月，联合国大会第一委员会决议，在网络空间治理领域设立两个并行机制：政府专家组（GGE）和开放成员工作组（OEWG）。政府专家组延续其常规安排，专门讨论信息和电信领域的网络空间安全问题。开放成员工作组邀请所有联合国会员国参加，并且首次纳入来自工业界、非政府组织和学术机构的成员。开放成员工作组 2021 年 3 月 12 日由 193 个成员国通过了 OEWG 最终报告，代表网络空间全球治理规则共识向前迈出了重要一步。所谓并行机制（GGE 和 OEWG）根本上是大国博弈的后果，两个方案根植于美俄两国对于网络空间治理话语权的长期分歧，在诞生和运行过程中体现了各自诉求。[①]

为适应网络空间治理"多利益相关方"的参与传统，联合国框架一直在努力做出相应机制改进，从政府专家组成员国代表的拓展与轮换，

---

① 参见王铮：《联合国"双轨制"下全球网络空间规则制定新态势》，《中国信息安全》2020 年第 1 期。

到尝试打破政府渠道传统，设立开放成员工作组来吸纳其他非政府主体参与相关进程，旨在适应新形势，进一步提升联合国框架的代表性与参与度。但是经过一年多的实际运行，"并行机制"并没有如各方所期望取得一些突破性进展，并未在推进网络空间行为规范从原则性共识到进一步落地方面取得令人满意的成果。除了疫情影响既定计划之外，联合国框架本身存在的机制性问题，难以应对深层次、全局性的网络空间治理问题。议题的多元，介入机构繁多，相关职能职责的交叉与不清，缺乏顶层统一协调与整合的情况下，必然影响其效率。这些机制性因素都在客观上影响其在网络空间国际治理中发挥应有的作用。

（五）践行网络空间治理的中国路径

党的二十大报告指出："我们全面推进中国特色大国外交，推动构建人类命运共同体，坚定维护国际公平正义，倡导践行真正的多边主义，旗帜鲜明反对一切霸权主义和强权政治，毫不动摇反对任何单边主义、保护主义、霸凌行径。"[①]在新时代10年的伟大变革中，习近平总书记亲自谋划指挥、引领推进了波澜壮阔的新时代外交实践。中国特色大国外交得以全面推进，在全球变局中开创新局，在世界乱局中化危为机，战胜了各种艰难险阻，办成了不少大事要事，取得了全方位、开创性历史成就。

网络关系成为了国家关系的直接映射。中国关于网络空间国际规则

---

① 习近平：《高举中国特色社会主义伟大旗帜　为全面建设社会主义现代化国家而团结奋斗——在中国共产党第二十次全国代表大会上的报告》，人民出版社 2022 年版，第 12—13 页。

的立场鲜明：各方应坚持多边主义，坚守公平正义，兼顾安全与发展，深化对话与合作，推进网络空间全球治理和国际规则制定，构建网络空间命运共同体。习近平总书记指出："互联网领域发展不平衡、规则不健全、秩序不合理等问题日益凸显。"① 当今世界正面临百年未有之大变局，为全球网络空间治理带来了机遇与挑战。网络空间不断发展，已经成为全球治理的重要领域，加强相关治理尤为重要。然而，不同国家和地区信息鸿沟不断加大，现有网络空间治理规则难以反映大多数国家的意愿和利益，全球网络空间治理面临不平衡性、持续性、差异性、竞争性等问题。

网络空间国际治理和国际关系的一个深水区，是网络基础设施所面临的风险，它牵涉网络基础资源的配置以及组织管理等诸多结构性问题。如关于域名的分配机制和服务器的配置机制问题备受国际关切。随着国际治理和国际关系发展，公众追求公平正义，多边国际对话不断展开，这一问题越来越受到各国重视。但目前还缺少有效的国际对话机制以及推动国际改革的平台和渠道。随着未来国际信息与通信技术安全多边对话的展开，各国在该问题上将会有更直接的交锋和博弈。

百年未有之大变局、新冠疫情的后续影响与数字技术的叠加影响，对网络空间的发展带来极大挑战。在不确定性与变数中间同样蕴含着机遇和新的发展方向，而这些恰好是未来治理进程的发力点，如果能够很好应对、化解甚至是因势利导，这些挑战完全可以成为新的发展契机。②

---

① 中共中央党史和文献研究院编：《习近平关于网络强国论述摘编》，中央文献出版社 2021 年版，第 153 页。

② 参见李艳：《疫情与变局之下的网络空间国际治理态势》，《信息安全与通信保密》2021 年第 3 期。

对致力于进一步提升网络空间国际治理影响力与话语权的中国而言，抓住新的发展机遇，拓展并引领治理新议程；在地缘政治框架下，妥善运维大国网络关系；重视国际规则，加大对联合国框架的支持力度等关键点并展开作为亦至关重要。为了减少类似国际合作的阻碍，中国一直致力于参与制定统一的国际数字规则。近年来，中国积极开展网络空间多双边交流合作，参与同金砖国家、APEC、WTO 等多边机制数字领域国际规则制定，倡导发起《"一带一路"数字经济国际合作倡议》和《全球数据安全倡议》，推动全球互联网治理体系改革和建设。搭建起世界互联网大会（乌镇峰会）等国际交流平台。2022 年 7 月，世界互联网大会国际组织正式成立。

全球网络空间治理任重而道远，变"规则之争"为"规则共识"仍然需要经历漫长过程。纵观全球治理的发展历程，国际协调至关重要。国际关系尤其是大国之间的关系在很大程度上决定了全球治理的权力基础，国际协调在很大程度上体现了治理的领导力，能够缓解全球治理的集体行动困境。全球金融、能源、高端制造、智慧城市以及新型基础设施建设都离不开数字技术的赋能。在数字经济领域加强合作，不仅可以降低网络空间生产的脆弱性，更是推动全球经济复苏的重要动力。网络安全合作涉及从打击网络犯罪到维护网络空间战略稳定等多个层面。在网络基础设施建设方面，全球网络治理面临的数字鸿沟问题需要逐步解决，让广大发展中国家更多受益，真正推动网络空间命运共同体的实现。此外，网络空间技术的不断发展，使得网络空间治理的规则需要不断被完善。目前，国际社会在网络空间治理规则方面的进展比较缓慢，尚不具备有效监督网络行为和强制执行的能力，达成网络空间国际规范存在技术与法律等方面的障碍。全球网络空间治理正处在"建章立制"的关键阶段,中国在其中发挥了负责任大国的重要作用。因此,必须通过有序推进网络空间合作,不断践行网络空间治理的"中国路径",为构建网络空间命运共同体作出贡献。

四、以战略能力和制度建设抵御挑战

新时代下,美国正在逐渐失去长期把持的绝对垄断地位。2022 年 5 月 27 日,美国国务卿安东尼·布林肯(Antony Blinken)在阐述美国对华政策的演讲中明确指出,中国仍然是美国及其盟友的最大挑战者,拜登政府的目标是围绕这个亚洲超级大国"塑造战略环境",即"对华脱钩",在全球范围内掀起科技领域和科技产品的"去中国化"。

中国崛起并与美国形成优势互补的平衡态势和竞争态势,是大势所趋。所谓的"脱钩"只是美国的手段,而不是目标,遏制中国的崛起、掌握未来科技的绝对主导权才是其根本目标。因此,对中美科技竞争本质的考量而言,政治和安全考量已经暂时全面压倒了商业与经济考量。

2021 年 11 月,国家主席习近平在同美国总统拜登举行视频会晤时,郑重提出了新时期中美相处的三点原则,即相互尊重、和平共处、合作共赢。这三点原则汇聚了中美半个多世纪相互交往的经验教训,是中美关系恢复健康稳定发展的必由之路。在这场由美国掀起的未来科技主导权争夺战中,我们应该拿出积极的应对对策,进一步提升中国科技软实力,在这场"对华脱钩"的"战略环境"中成功突围。在具体应对方面,有六点政策性建议仅供参考。

一是发挥社会主义市场经济条件下新型举国体制优势,从国家战略层面落实和提高关键核心产业的科技创新能力。优化研发布局与产业选择的组合，锚定以"半导体以及人工智能、5G"为代表的新一代电子信息技术和"生物安全、基因治疗、疫苗研发"为代表的生命健康、"氢能源、生物燃料、风能核能"为代表的清洁能源，以及航天航空、高端装备等前沿领域，从国家规划的角度推动一批战略性科学计划、重大科技项目、高端科学工程的制定及落地实施。进一步引导与关键核心产业有关的高校、科研院所、企业及地方政府等主体形成信息反馈、资源共享、科技研发等多层次、全方位的新型科技创新合作关系，合力推进国家重点实验室、国家重点工程中心以及产业创新高地的建设。

二是明确"上游攻关、中游改造、下游反哺"的科技发展思路，从全产业链角度精确提升关键核心产业的科技创新能力。产业链上游领域，重在核心技术与关键零部件攻坚，既要厘清科技攻关清单，把脉我国关键核心产业在核心技术与关键零部件领域的"短板"，也要充分发挥企业在科技创新中的主体作用，扶持优质企业协力突破产业链薄弱环节；产业链中游领域，重在加码技改和扩大产能，引导和支持企业进一步深化"两化融合"，加快推进技术改造与智能化应用，促进企业技术的更新换代，加速企业数字化进程；产业链下游领域，重在强化产业链各环节的对接，鼓励企业积极开拓国内外市场，在数据处理、生产规划、集成方案、市场服务等环节即时联动上游设计与中游生产，完成良性产业闭环。

三是紧扣关键核心产业基础前沿研究，加大财政补贴、政府基金、税费减免、政府采购等政策对关键基础理论、共性基础技术等领域的精准扶持力度。基于世贸组织补贴与反补贴协议，针对与关键核心产业有关的科研院所、高校、科技型中小企业等主体，加大财政资金对其在基础前沿研究领域的补贴支持力度。建议政府出资成立关键核心产业大基金或母基金，并严格采用市场化运营模式，筛选基础技术、基础理论方面有长远发展前景的科创项目或企业，进行持续投资，规避资金流入"短平快"项目。持续释放"减税降费"政策红利，重点针对从事科研活动的主体释放更多科技政策红利，比如将研发加计扣除的比例由75%提升至100%或200%，延长"据实扣除比例上再加计75%"的政策时限等。

四是精准定位关键核心产业科技痛点和难点，加大重点科研人才的引进力度，加快短缺人才的"本土培育"，激活人才创新的内生动力。关注关键核心产业国际顶尖人才研究合作项目，对标发达国家同级奖励水平，提高研究奖励额度。引入股权、分红等多元化分配方式，推行产权成果收益按劳分配常态化。对于急需的海外尖端人才、领军人才，建议进一步放宽永久居住权认证规定，在落户、购房、购车、子女就读、配偶就业等方面采取扶助措施。在积极引进海外科技人才的同时，大力推动本土高校与科研院所人才培养方式革新，充分发挥"海外引进学科建设人才培养"模式功效。

五是完善科技创新评价体系，拓宽科研探索的自主空间，深化科技创新投资机制多样化改革。支持实施不同类型、阶段的科研项目、工程、课题等差异化考核方式，明确基础研究优先的考核导向，在社会经济发展可承受的前提下，包容科技创新风险及失误。给予高校和科研院所更多的科研自主权，弱化科研机构的管理职能，激发单位与人员的科研主动性和积极性。鼓励科研工作者积极拓展研究领域，与不同专业领域前沿研究人员交叉合作，提高科研攻关时效。大力倡导社会资本进入科创投资领域，逐步放宽国家有关重大科创项目的参与资格，强调政府投资的价值导向、资源整合作用，健全和完善政府投入为主、社会多渠道投入为辅的投资机制，进一步营造良好的科创投资环境。

六是推动我国法域外适用的法律体系建设，强化国际法治手段运用能力。要坚持统筹推进国内法治和涉外法治，按照急用先行原则，加强涉外领域立法，进一步完善反制裁、反干涉、反制"长臂管辖"法律法规，把拓展执法司法合作纳入双边多边关系建设的重要议题，延伸保护我国海外利益的安全链。

如今，人们应更加真切地认识到：在国际竞争环境中，只有自身足够强大，才能无惧任何"封锁"，只有拥有绝对的自主创新力，才能使中华民族真正屹立于世界之林——没有退路，就是胜利之路。

后 记

　　要做好数字化赋能现代化这一重要工作，我们必须认真学习习近平总书记关于网络强国的重要思想。习近平总书记关于网络强国的重要思想包含极其丰富的内涵，是网信事业发展的一系列重大理论和实践问题的总结，是党对网信工作规律性认识的全新高度，是新时代新征程引领我国网信事业高质量发展、建设网络强国的行动指南。本书为各级领导干部学习习近平总书记关于网络强国的重要思想提供了一些学习素材，但尚不足以全面阐述该思想的深刻内涵。为此，我们将继续组织出版更多相关主题的书籍，并以这些书籍为基础，组织系列研讨会、培训班，以帮助广大领导干部准确掌握习近平总书记关于网络强国的重要思想的深刻内涵，抓住数字经济高速发展的历史性机遇，推动经济社会开展数字化治理，实现高质量发展，助力中国特色社会主义巍巍巨轮行稳致远。

中国国家创新与发展战略研究会

2023 年 10 月